武装直升机作战效能评估研究

裴晓龙　刘晓芹　主编

西北工业大学出版社

西安

图书在版编目(CIP)数据

武装直升机作战效能评估研究 / 裴晓龙，刘晓芹主编. — 西安：西北工业大学出版社，2022.8
ISBN 978 - 7 - 5612 - 8298 - 4

Ⅰ.①武… Ⅱ.①裴… ②刘… Ⅲ.①武装直升机-作战效能-评估-研究 Ⅳ.①E926.396

中国版本图书馆 CIP 数据核字(2022)第 154247 号

WUZHUANG ZHISHENGJI ZUOZHAN XIAONENG PINGGU YANJIU
武 装 直 升 机 作 战 效 能 评 估 研 究
裴晓龙 刘晓芹 主编

责任编辑：胡莉巾	策划编辑：黄 佩
责任校对：万灵芝	装帧设计：李 飞

出版发行：西北工业大学出版社
通信地址：西安市友谊西路 127 号　　邮编：710072
电　　话：(029)88493844，88491757
网　　址：www.nwpup.com
印 刷 者：陕西向阳印务有限公司
开　　本：787 mm×1 092 mm　　1/16
印　　张：11.125
字　　数：285 千字
版　　次：2022 年 8 月第 1 版　　2022 年 8 月第 1 次印刷
书　　号：ISBN 978 - 7 - 5612 - 8298 - 4
定　　价：68.00 元

如有印装问题请与出版社联系调换

《武装直升机作战效能评估研究》编写人员

主　编：裴晓龙　刘晓芹
副主编：来国军　刘天坤
编　者：裴晓龙　刘晓芹　来国军　刘天坤　张江涛
　　　　孙世霞　王宏宇　王伟龙　陆关生　刘　景
　　　　麻建军　孙　放　董泽委　李　炎　王建波
　　　　张　君　陈　聪　袁　诚　曹花荣　崔亚磊
　　　　郝文龙　张秀华　李　雷　郭昊旸

前　言

自从战争发展到一定规模和程度以来,效能评估作为辅助决策的重要手段,一直在帮助人们去争取战争胜利或得到理想的结局。"夫未战而庙算胜者,得算多矣;夫未战而庙算不胜者,得算少矣。多算胜,少算不胜,而况于无算乎?""运筹帷幄之中,决胜千里之外。""庙算""运筹帷幄"可以理解为古代军事家运用智慧和作战经验对作战效能评估的过程,目的是争取以最小代价实现预期目标。只不过由于古代条件的限制,效能评估更多依赖于个人智慧,评估结果的分辨率和置信度都不可能较高。但无论如何,古人的"庙算"和"运筹帷幄"都奠定了作战效能评估在战争中不可或缺的地位与无可替代的作用。随着高新技术在战争中的广泛运用,作战信息爆炸式增长,战争呈现出前所未有的复杂特征,给作战效能评估工作带来了严峻的挑战。武装直升机作为立体突击、机动作战的重要平台,能挂载各种武器弹药,是强大火力、快速机动力和威猛突击力的完美结合,有"飞行坦克""空中骑兵""一树之高的利剑"等美称,在现代战争中的地位非常突出。如何科学建立武装直升机作战效能评估指标体系并进行精确评估,为指挥员决策提供支撑、为相关人员遂行保障任务提供依据等是非常重要的问题。

在现代军事领域,效能评估几乎无处不在,既可以促进装备建设发展,又能提升军事训练效益。需要对直升机研制、列装、部队作战训练等各个环节都进行评估,并根据评估结果进行科学、合理的决策。如在武装直升机作战训练中,通过效能评估可以预测弹药需求量及毁伤效果,通过以作战效能评估模型为基础的模拟仿真和对抗训练,能够对训练效果进行科学评判。很多军事强国特别重视效能评估,并充分利用评估结果指导训练和作战。美军联合部队司令部早年提出了"作战净评估"的概念,在2015年1月颁布的1~15号联合条令注释出版物中,"作战评估"被定义为"一套连续进行的过程,它可通过衡量作战行动是否正朝着完成任务、创造行动所需的某种条件或实现作战目的的方向发展,以支持指挥官的决策活动"。作为一种在(战役级)作战行动中以评估结论为导向的经验汲取方法,"作战评估"为指挥官及其参谋团队提供了对行动未来发展的洞察力,使其能把握住修正作战行动发展趋势偏差的机会。《美军联合条令》指出:评估是一个持续不断的过程,要衡量出军事行动期间使用联合部队能力的全部效能以及确定完成任务、创造条件或达成目标的过程。[①]

武装直升机的作战效能评估比其他类型直升机作战效能评估复杂得多,要对与作战有关的如侦察、机动、火力等性能要素进行综合评判,这些要素参与作战整个过程,并能直接反映武装直升机作战效能发挥程度。对武装直升机作战效能进行分析研究,有助于决策部门制定武装直升机的长期发展规划、促进武器系统配套设备的协调发展、有效发挥现役武器装备作战能力和作战潜力、提出新研制或改进型号的合理可行的战术技术指标、确定装备数量等。对武装直升机作战效能进行分析、研究,对于作战指挥及保障而言同等重要,没有科学、准确的作战效能评估,作战指挥、装备及后勤保障等都是粗放型的、如何时何地使用何种武器对目标实施攻击、何时何地需要多少何种类型弹药等都需要精确评估和科学预判,这就能够为指挥员科学合理运用兵力、火力提供理论支撑,能够为保障人员精确保障提供数据支撑。

在本书中,笔者总结了多年来对相关问题的研究成果,结合教学需求,在充分借鉴现有成果的基础上,从作战效能评估方法的维度对武装直升机作战效能评估进行研究,既有基础理论,又有模型算法,同时选材广泛、内容系统、思路清晰,以期为相关人员了解作战效能评估知识、掌握作战效能评估方法及开发应用软件提供基础资料。

本书以作战效能评估方法为主线,内容分为7章,第一章主要介绍武装直升机发展及作战使用情况,第二章和第三章主要阐述作战效能评估的基础理论,第四章和第五章主要分析目标特征和弹药威力问题,第六章和第七章主要介绍机载武器的射击精度及毁伤效能。

本书由裴晓龙、刘晓芹任主编。其中,裴晓龙负责全书的纲目设计、统稿和第一章的编写,刘晓芹负责第二章和第三章的编写,来国军负责第四章和第五章的编写,刘天坤负责第六章和第七章的编写,其他编者参与了各章的编写工作。

在编写本书的过程中,陆军研究院、陆军航空兵学院、陆军航空兵研究所的相关同志给予了极大鼓励和帮助,在此深表感谢。同时也参考了相关文献资料等,谨在此一并向其作者表示诚挚的感谢!

由于水平有限,书中难免存在不足之处,敬请广大读者批评指正。

编　者
2022 年 2 月

[①] 美国参谋长联席会议.美军联合条令.北京:金城出版社,2017.

目 录

第一章 武装直升机发展概况及作战使用 ··· 1
    第一节 武装直升机发展概况 ··· 2
    第二节 武装直升机的作战使用 ·· 17

第二章 效能与效能评估 ·· 23
    第一节 基本概念 ·· 23
    第二节 效能度量 ·· 32
    第三节 效能评估的发展概况 ··· 41
    第四节 效能评估的作用和步骤 ·· 46
    第五节 效能评估的方法 ··· 51

第三章 直升机作战效能评估的任务和方法 ··· 62
    第一节 直升机作战效能评估的内涵 ·· 62
    第二节 直升机作战效能评估的目的和要求 ··· 64
    第三节 直升机作战效能评估的程序和方法 ··· 68
    第四节 直升机作战效能评估指标体系 ·· 70

第四章 直升机攻击目标通用性特征 ··· 81
    第一节 目标分类及特征 ··· 81
    第二节 目标的易损性 ·· 85
    第三节 目标的选择与打击 ··· 95

第五章 直升机机载武器弹药威力 ··· 102
    第一节 机载武器及弹药概况 ·· 102
    第二节 弹药终点效应 ·· 107
    第三节 弹药终点毁伤效应 ·· 118
    第四节 弹药威力评价指标 ·· 127

第六章　直升机对地攻击效能评估 ·· 131

　　第一节　作战过程及效能评估方法 ······································ 131

　　第二节　机载武器投射弹药落点的概率分布 ···················· 135

　　第三节　机载武器射击精度 ·· 138

　　第四节　对地攻击效能评估 ·· 143

第七章　直升机对空攻击效能评估 ·· 160

　　第一节　空战过程及效能评估方法 ······································ 160

　　第二节　空中目标特性 ·· 163

　　第三节　对空攻击效能评估 ·· 165

参考文献 ·· 169

第一章　武装直升机发展概况及作战使用

　　自从20世纪中叶越南战争以来,军用直升机就大量出现在战场上,经历了数十年的发展,目前世界上共有130多个国家(地区)的军队装备军用直升机,总数近4万架。作为一种具有高度机动性和强大火力的理想作战平台,直升机的出现对现代战争的作战方式乃至军事思想都造成了巨大的冲击,各个国家都在竞相研制和使用直升机。事实也充分证明,一支装备了大量包括直升机在内的新式武器装备,并且依据新的军事思想和军事原则加以组织和整合的军队,能在现代战场上发挥和凸显出前所未有的强大威力,并创造一个又一个战争奇迹。

　　在朝鲜战争和越南战争以来的几场"不对称"的现代化战争中,精心组织的空中战役和独立空中打击,已经成为主要的进攻作战形式,空中机动几乎遍及战场的全部时空。信息的获取、传输、中继与对抗部队的指挥控制都广泛借助于空中平台。于是,在这样的现代化战争中,直升机扮演了举足轻重的角色,给予军事变革以巨大的推动力。战争的过程和结果,给予人们以极大震撼,迫使人们思考未来战争的形式和对策,采取紧急与得力措施,宁做"未雨而绸缪",勿行"临渴而掘井"!

▶阅读资料

　　1907年8月,法国人保罗·科尔尼研制出一架全尺寸载人直升机。这架直升机被称为"人类第一架直升机"。它不仅靠自身动力离开地面0.3 m,完成了垂直升空,而且还连续飞行了20 s。1936年6月25日,德国著名飞机设计师福克主持研制的FA-61型并列双旋翼单座直升机成功地进行了28 s的试飞。1938年,德国姑娘汉纳赖奇驾驶一架双旋翼直升机在柏林进行了一次完美的飞行表演,这架直升机被认为是世界上第一种试飞成功的直升机。1939年9月14日,美籍俄人伊戈尔·西科斯基设计的VS-300试飞成功,奠定了现代直升机的基础。1942年,美国成功研制用于军事目的的XR-4型直升机。1944年4月,在中缅边界上,美军用YR-4直升机成功地搜索、营救出1名美国飞行员和3名英国伤员。第二次世界大战末期,德国研制了最早装备武器系统的Fa-223直升机,准备用于对地攻击。美国1945年投产的贝尔-47直升机是第一种量产的实用型直升机,在朝鲜战场上得到广泛应用。朝鲜战争时期,美军曾派出直升机对朝鲜的纵深地带实施小分队机降作战。20世纪50年代中期,法国军队在阿尔及利亚战争中,将直升机作为武器平台,对阿方军队实施轰炸和扫射。1956年,苏伊士运河事件期间,英、法军队用直升机进行机降突袭,直接增援登陆部队作战。

第一节　武装直升机发展概况

一、武装直升机发展历程

《中国百科全书》(第2版)(《中国大百科全书》总编委会.北京:中国大百科全书出版社,2009)中武装直升机的定义是配备机载武器和火控系统,并执行作战任务的直升机,其具有机动性强、杀伤力大和生存力高等特点,可对地面、水面目标进行攻击,也可为运输、战勤直升机护航,还可以执行反潜作战任务。武装直升机的最大平飞速度一般在350 km/h左右,作战半径100~300 km,续航时间2~3 h,具有高过载实施机动飞行的能力。武装直升机一般有两名乘员,即一名飞行员和一名射击员。座位安排有串座和并座两种,串座型机身窄而长,并座型机身较宽,也有的武装直升机采用单座一名驾驶员的布局。武装直升机大都装备有精密的观察瞄准设备,能携带机枪、航炮、炸弹、火箭、导弹及鱼雷等多种武器,按不同的作战任务,可有多种武器配挂方式。通常一种型号的武装直升机具有配挂上述多种武器的能力,称为"一机多用"。但由于飞行重量、性能及使用等方面的要求或限制,也有专门或主要执行某种任务的机型。为了提高生存能力,武装直升机一般有装甲防护,并采用耐坠性设计,部分机型还具备隐身能力。

越南战争期间,美军先是在UH-1B多用途直升机上加装了机枪和火箭弹,用于支援直升机机降。第一种专门设计的武装直升机是美国的AH-1,1967年开始装备部队。20世纪60年代以后的越南、中东、两伊、阿富汗等局部战争,特别是海湾战争,促进了武装直升机技术和战术的发展,使武装直升机成为现代战争中的一种重要武器装备。现役的武装直升机中,较为典型的有美国的AH-64和苏联的卡-50。60年代到90年代的多次局部战争,都充分显示了武装直升机是现代战争不可缺少的武器装备,尤其在1991年的海湾战争中,美国陆军的AH-64武装直升机依靠其强大的震撼力和毁灭性攻击火力而一举成名。从实战经验可知,武装直升机能够携带先进的搜索瞄准系统和包括空空导弹在内的多种武器,具有远距、准确的打击能力,既能攻击对方的地面目标,又能攻击对方的直升机、低空固定翼飞机、无人飞行器和其他低空飞行器。因此,在海湾战争后,武装直升机再次成为各国陆军的"新宠"。

武装直升机具有火力强、视野开阔、反应快速和隐蔽机动等其他武器所没有(或不完全具备)的优点,尤其是20世纪70年代以来,新的旋翼系统、高性能涡轮轴发动机的应用、新一代反坦克导弹和其他机载武器系统及机载电子设备的出现,使武装直升机获得了更快的发展。米-24"雌鹿"、SA341/342"小羚羊"、AH-64"阿帕奇"、米-28"浩劫"、卡-50"噱头"、卡-50H"黑鲨鱼"、卡-52"短嘴鳄""虎"式以及AH-64D"长弓阿帕奇"等著名的武装直升机先后问世。这些武装直升机不仅飞行性能好、火力强,而且采用了一系列提高战场生存力的设计技术,具有很强的抗弹伤、抗坠毁以及隐身性等能力。在战术方面,通过对武装直升机反装甲作战和对地(海)面火力支援作战等进行的大量研究运用,逐步形成了较为成熟的作战使用模式和战术。

由于武装直升机在战场上的低空、超低空频繁出没,会出现敌我双方直升机之间或直升机与固定翼飞机之间空中相遇发生遭遇战的情况。在两伊、中东、马岛等战争中,就发生过28次直升机同敌方战斗机或直升机之间的战斗,表明直升机空战的序幕已经拉开。苏联在研制米-24、米-24F、米-28、卡-50等直升机时,均增加了可有效攻击空中目标的武器系统,增强了直升机的对空攻击能力。美国和西欧国家对直升机空战问题也十分重视,美军装备的AH-64直升机和RAH-66侦察/武装直升机,均装有对地和对空攻击武器。由德、法联合研制的"虎"式反坦克/战斗支援直升机集中了欧洲直升机新技术的精粹,武器包括1门航炮和4枚空空导弹。直升机空战的战术研究和训练在美国和西欧也开始得很早,自1990年以来,已在英国召开过多次直升机空战战术技术研讨会,对直升机空战的特点、战斗方式、战术运用等方面进行了广泛的讨论和交流。

我国武装直升机的发展起步较晚,20世纪80年代先后从法国引进了"海豚"多用途直升机(引进后定型为直九)和SA341/342"小羚羊"多用途直升机作为武装直升机使用,后又以直九为原型研制出了武直九、武直九改等型号。然而,这些武装直升机无论是自身性能,还是机载武器系统和机载设备性能,同世界先进战机相比都存在较大差距,不能适应现代战争的要求,因此我国加快了对新一代武装直升机的研制。在战斗人员的培训方面,自1980年起,我国开始从固定翼飞机的歼击机部队抽调具有作战经验的飞行员加强到武装直升机部队中,并组织直升机空战训练,使其战术技术水平达到"近于适应空战需要"的程度。

总之,从20世纪60年代武装直升机问世以来,经过数十年大小局部战争的使用,特别是阿富汗战争、海湾战争、车臣战争以及伊拉克战争的检验,充分证明武装直升机在反装甲作战、对地火力攻击方面具有其他武器所不可替代的作用,已成为现代战争不可缺少的武器装备,并推动了陆地战场传统作战方式的变革。正是如此,时至今日各国武装直升机的发展仍方兴未艾。

二、武装直升机发展现状

武装直升机是指装备有机载武器系统,专用于攻击地面、地下、水面、水下和空中目标的直升机,其实质是一种低空、超低空武器平台,可携带多种武器。其攻击目标的效果主要依靠武器系统的威力和火控系统的性能。武器系统是利用弹药的能量去摧毁目标,而火控系统的功用是指挥与控制武器投射,其性能的优劣是衡量武装直升机作战能力的重要指标之一,其先进性是衡量武装直升机先进性的重要指标,二者完美的配合才能达到有效攻击目标的目的。自从武装直升机问世以来,各国都在努力提升武器系统的作战能力。目前,随着世界各国部队信息化建设速度的加快,军用直升机在增强原有火力、机动力、防护力的基础上又发展了电子战、数据链、武器链、战术互联和态势感知等能力,并大力向增强隐身性能,提高指挥控制无人机、战场机器人、"蜂群"作战等方向发展。

> **阅读资料**
>
> FW-61直升机诞生不久，第二次世界大战爆发，虽然德国在1940年将其投入了生产，但由于官方的意见分歧和战时的生产困难，原定的生产计划未能实现，直到1945年仅生产出3架飞行性能良好的Fa-223直升机样机。德军虽然在Fa-223直升机样机上安装了一挺7.62 mm MG-15机枪，但目的只是保护自身的安全，并没有想到用于对地面的攻击。在直升机进入批生产时期时，人们就已经对用直升机运载和投射武器产生了极大兴趣。当时就曾有人提出把直升机改作三度空间运动武器平台的设想。1942年，美国陆军提出用机炮武装西科斯基公司的R-5直升机的计划，并开始研制和设计R-5直升机的20 mm机炮。同年，英国在购买的R-5直升机上安装了雷达和深水炸弹。不过，由于当时直升机普遍存在稳定性差、振动水平高等缺陷，这一设想没有能够付诸实现。第二次世界大战结束后，美、英等国军队开始研究直升机的战术使用，并进行了一些作战试验，从而为直升机的大发展和军事应用开创了新的道路。很快，直升机就在战争中派上了大用场。1950年6月25日，朝鲜战争全面爆发，在这场战争中，直升机开始有规模地投入军事应用中，在朝鲜部署的直升机从初期的500架，到1953年战争结束时已达到近1 000架的规模。1951年9月19日，美军在山地进攻作战中出动了12架西科斯基H-19直升机"契卡索人"（美国海军和海岸警卫队型号编号HO4S，美国海军陆战队型号为HRS，美国陆军型号为CH），将228人的战斗群和8 t弹药运送到前方，但由于地形限制，士兵们只能进行绳降着陆，然后投入战斗。据记载，美军在战争中还曾为H-19直升机安装过14具22管火箭发射器，进行了对地攻击能力的试验，但是，由于直升机飞行稳定性太差，严重影响了火箭射击的准确性，试验并没有成功。直升机又一次的规模运用发生在阿尔及利亚战争期间（从1955年最初参战的4架直升机发展到1962年的600余架），法军除了使用美国波音直升机公司的前身伏托尔飞机公司弗兰克·比亚塞琪设计的纵列双旋翼CH-21"飞行香蕉"、西科斯基的CH-34和法国宇航公司（现为"空客直升机公司"）的SE3160"云雀Ⅲ"等直升机用于运输、侦察、救护等任务外，还把地面战斗用的普通机枪搬到CH-34直升机舱内，又在CH-21直升机舱门口和起落架滑橇上安装了机枪和火箭弹用于对地攻击。法军在阿尔及利亚的这种尝试，为武装直升机的问世及其战术运用开创了先例。

（一）美国的武装直升机

1. 美国的OH-58D"奇奥瓦勇士"武装直升机

OH-58D是贝尔直升机公司研制的双座武装侦察直升机，公司编号为贝尔-406（见图1-1）。1981年9月，OH-58D在"陆军直升机改进计划"的竞争中获胜，1983年10月首飞，1985年开始交付，主要装备"毒刺""海尔法"导弹、12.7 mm航空机枪、70 mm火箭发射器。

图1-1　OH-58D武装侦察直升机

2. 美国的AH-64"阿帕奇"武装直升机

AH-64"阿帕奇"武装直升机是美国陆军主力武装直升机,是1973年提出的"先进武装直升机计划"(Advanced Attach Helicopter,AAH)的产物,由麦道飞机公司制造,以作为AH-1"眼镜蛇"武装直升机后继机种。AH-64从1984年起正式服役,1986年7月达成初始作战能力;1989年,美国入侵巴拿马时,AH-64首次投入实战。此后,AH-64在多场战争中充当了重要角色,包括海湾战争、在阿富汗的"永久自由行动"和在伊拉克的"持久自由行动"。目前,AH-64已被世界上多个国家和地区使用,包括日本、中国台湾、印度和以色列等,其以卓越的性能、优异的实战表现,一直处于世界武装直升机综合排行榜前列。美国的AH-64"阿帕奇"主要型号如下:

(1)AH-64A型:AH-64A型为AH-64的基本型双座武装直升机,引擎为两具通用电气T700涡轮轴发动机,它们安装在旋转轴的两旁,排气口位于机身较高处。座位是一前一后,正驾驶员在后上方,副驾驶员兼火炮瞄准手在前。固定武装为一门30 mm XM230链式机关炮。两侧的短翼上有四处武器挂载点,可搭载激光制导AGM-114"地狱火"反战坦克导弹、Hydra70 mm火箭或自卫用的AIM-92"毒刺"导弹。

(2)AH-64B型:AH-64B型原为美国海军陆战队所设计的改良型,以作为AH-1W"海眼镜蛇"武装直升机的后继机种,但未实际进入量产。1991年沙漠风暴行动后,原定将254架AH-64A升级为AH-64B。整个升级计划包括换装新的主旋翼、全球定位系统(GPS)、改良后的导航系统及新的无线电系统。

(3)AH-64C型:1991年后期,美国国会追加拨款将AH-64A升级至AH-64B。随后,更多的拨款用于将机型升级至AH-64C。AH-64C改装了武器系统的改良型,之后加装了毫米波雷达而改称AH-64D。

(4)AH-64D型:AH-64D"长弓阿帕奇"(Apache Longbow)搭载了"长弓"毫米波雷达,采用先进的传感、动力与武器系统,大幅度改进了操作性能、生存能力、通信能力与导航能力,可搭载毫米波制导 AGM-114L"地狱火"导弹(见图 1-2)。

图 1-2　AH-64D"长弓阿帕奇"武装直升机

(5)AH-64E 型:美国陆军于 2012 年 10 月表示,AH-64E 型将是该系列中的最新型号。AH-64E 武装直升机在单机性能上比 AH-64D 武装直升机强,其高原作战能力尤为强悍。按照美国官方的数据,AH-64E 有 4 个翼下挂架,对陆探测距离从 AH-64D 武装直升机的 8 km 提升到了 16 km,同时探测精度也有了明显增加。按照美国方面的估算,一架 AH-64E 的作战效能是 AH-64D 的 1.6 倍,提升十分明显。

"阿帕奇"武装直升机的机身两侧各有一个短翼,每个短翼各有两个挂载点,每个挂载点能挂载一具 M-261 型 19 管 Hydra"九头蛇"70 mm 火箭发射器(或是 M-260 型 7 管 70 mm 火箭发射器)、一组挂载 AGM-114"地狱火"反坦克导弹的四联装 M-299 型导弹发射架,以便在各种条件下发射空地导弹。"阿帕奇"的主要任务是使用"地狱火"导弹摧毁高价值的目标,还可以使用 30 mm XM230 链式炮和"九头蛇"70 mm 火箭有效地攻击各种目标。"阿帕奇"配备了全面的直升机生存设备,重要部位可以承受从子弹到 23 mm 火炮弹片的打击。其中,AH-64D 配备了先进的"长弓"毫米波雷达系统,这套系统能够对战场上的目标进行定位、确认并分级,将这些信息传输给该地区的其他直升机,随后发起精确打击。这些目标可以在最远 8 km 外被确认并被摧毁。AH-64D 巩固了"阿帕奇"令人敬畏的声誉,它将摧毁目标的概率提升了 400%,将生存能力提升了 720%。现在所有型号的"阿帕奇"直升机都升级到了 AH-64D"长弓阿帕奇"的标准。

(二)苏/俄的武装直升机

1. 米-24"雌鹿"武装直升机

米-24"雌鹿"是米里设计局设计的一款载重量较大,兼具运输功能,性能全面的武装直升机(见图 1-3)。米-24 于 20 世纪 60 年代后期开始研制,1972 年底试飞并投入批生产,1973 年装备部队。米-24 是在米-8 的基础上研制的,米-24 采用了米-8 的传动和发动机系统,通过加装类似于米-6 的大安装角、后掠角和下反角短翼,缩减了旋翼直径,使该机型的震动水平极佳,飞行速度也得到大幅提升(海平面平飞速度可达 335 km/h),同时米里设计局还进行了窄机身设计,保留了缩窄版的货仓,使得正面受弹面积更小。尽管米里设计局后来又推出了更新的米-28和米-28N(俄文为H)直升机,但米-24至今仍是俄陆军航空兵和世界许多国家陆军和空军的主力。米里设计局仍继续以米-28的技术对米-24进行改良,以达到现代化的标准,甚至一向使用西方武器的以色列,也为了争夺市场而推出米-24的改进型,从中不难看出,米-24在武装直升机中的重要地位。

图1-3 米-24"雌鹿"武装直升机

米-24型别众多(包括该型的米-35),各种型别的机体构架、动力装置和传动系统基本一样,只有武器、作战设备和尾桨位置有所不同。火力配备有AT-4导弹、AT-6导弹、12.7 mm四管机枪炮塔、双管23 mm航炮吊舱(型号UPK-23-250,配GSh-23L双管23 mm航炮)、32管57 mm和20管80 mm火箭发射器以及500 kg以下各型炸弹等武器。米-24的装甲防护力很强,在飞行员座舱、机身发动机和油箱侧翼等关键位置均安装有内置钛合金装甲,可抵抗23 mm穿甲弹的攻击,座舱玻璃为防弹玻璃,可抗击12.7 mm普通枪弹,因此米-24也被誉为真正意义上的"空中坦克"。阿富汗战争中米-24曾大量使用,但直升机本身仍然属于慢速目标,因此在高原地带,阿富汗游击队通过火箭筒、肩扛式地空导弹和大口径机枪对尾梁、尾桨和座舱进行杀伤,致使该机被大量击落。

2. 米-28"浩劫"武装直升机

米-28是苏联米里设计局研制的单旋翼带尾桨全天候专用武装直升机,北大西洋公约组织(简称"北约")给其取的绰号为"浩劫"(Havoc),如图1-4所示。该机于1980年开始设计,原型机1982年11月首飞,1987年开始投入使用。该机型90%的研制工作于1989年6月完成,后来第3架原型机参加了巴黎航展,1992年后量产。米-28沿用了米-24"空中坦克"的设计思想,在驾驶舱和发动机舱采用双陶瓷防弹外装甲,内置钛合金装甲,装甲可抗20 mm口径炮弹和导弹碎片的毁伤,座舱玻璃采用防弹玻璃,可抵御12.7 mm枪弹的毁伤,主旋翼叶片可以抵御30 mm火炮的弹片。除此之外,所有机体重要部件和系统都装有防弹屏蔽。虽然米-28放弃了部分米-24的独特设计,例如能装载8名步兵的运兵舱、气泡形风挡等,但其结构布局、作战特点和武器系统都借鉴了常规专用武装直升机的设计,是一款攻击和防护能力很强的武装直升机。

图1-4 米-28"浩劫"武装直升机

米-28的主要武器包括机头下方炮塔内的一门单管2A42改进型30 mm机炮,备弹300发,炮塔活动方位角为±110°,上仰13°,下俯40°,对空射速900发/min,对地射速300发/min。每侧短翼均有2个挂点,两侧可以各悬挂一具AT-6/AT-9或AT-12/AT-16导弹发射装置,也可挂载IGLA"针"式空空导弹发射装置,32管57 mm、20管80 mm、5管122 mm火箭发射器,双管23航炮吊舱(型号UPK-23-250,配GSh-23L双管23 mm航炮)或500 kg以下各型炸弹等,尾部还装有红外干扰弹和箔条干扰弹。

由于米-28和卡-50都是为竞争新一代俄罗斯战斗直升机的合同而开发的,两者一出生就是"死敌"。卡-50凭借独特设计首先占了上风,米里设计局也不甘示弱,大力改进米-28,研制出了米-28N(见图1-5)。米-28N又被称为"黑夜浩劫",于1996年8月19日首次展示,10月进行了首次飞行,并于1997年4月30日在莫斯科郊外的米里直升机制造厂进行了首次正式飞行表演。米-28N吸收了米-28直升机的优点,有大推重比和很强的战斗生存力,最突出特点是在夜间和恶劣环境下的战斗力大大提高。

图1-5 米-28N"黑夜浩劫"武装直升机

3. 卡-50/52武装直升机

卡-50是俄罗斯卡莫夫设计局研制的世界上首架单座近距支援、共轴双转旋翼武装直升机,北约给其取的绰号为"噱头"(Hokum),其还被称作"狼人"或"黑鲨"(见图1-6)。卡-50于1977年完成设计,原型机于1982年7月27日进行首次飞行,1984年首次公布,1991年开始交付使用,1992年底获得初步作战能力。1993年,卡-50出现在世界著名的法思伯勒航空展上,这是俄罗斯卡莫夫设计局的新型武装直升机首次公开亮相。在1984年,卡-50就被苏联政府确定为新一代武装直升机的主力机型。

图1-6 卡-50武装直升机

卡-50的机身较窄，具有很好的流线型，机头呈锥形，机头前部装皮托管和为火控计算机提供数据的传感器。卡-50结构的35%由碳纤维复合材料组成。就整体性能来说，卡-50采用单座设计使飞行员兼具导航、驾驶和攻击任务，人机工程设计非常优异；共轴双旋翼布局使其具备出色的悬停能力，能够在保持飞行方向的前提下，具有向各个方向射击的能力。除此之外，其旋翼的所有重要部件都有轻装甲进行保护，可抵抗12.7 mm子弹的打击。防爆油箱和俄专家独创的火箭牵引救生座椅可显著提升飞行员在战场上的生存率。为了提高卡-50的生存能力，驾驶舱还装有混合钢装甲，座舱玻璃采用55 mm厚抗高压玻璃，使驾驶舱具有很强的抗毁伤性。油箱内装有泡沫填充物，油箱外敷有自密封保护层，机内装有防火设备，发动机装有热排气屏蔽装置。

卡-50的机身右下侧短翼下炮塔内装一门单管2A42型30 mm机炮，短翼上武器配置与米-28基本相同。初始设计中，可以使用性能更为出色的R-73空空导弹，后被IGLA"针"式空空导弹取代。该机的所有技术指标均超越了米-24，拥有强大的火力，具备全天候飞行能力，可用于与敌进行直升机空战、摧毁坦克、装甲和非装甲技术装备、低空低速飞行目标，以及敌战场前沿或纵深的有生力量，还可用于执行反舰、反潜、搜索和救援、电子侦察等任务。

尽管卡-50出色的人机设计能够使1个飞行员完成2个飞行员的全部操作，但俄军方考虑到战场的复杂和飞行员失能的可能性，还是放弃了卡-50的采购。为此卡莫夫设计局将卡-50进行了双座布局改装，于是卡-52出现了。卡-52的特征是并列式双驾驶员，保留了侧面机炮和6个外挂点的设计（见图1-7）。卡-52又被称作"智能"型武装直升机，具有最新的自动目标指示仪和独特的高度程序，能为战斗直升机群进行目标分配，以充分发挥卡-52武装直升机的作用，并协调其机群的战斗行动。

图1-7 卡-52武装直升机

(三) 其他国家的典型武装直升机

1. 欧洲"虎"式武装直升机

欧洲的"虎"式武装直升机,欧直(欧洲直升机公司)编号为 EC-665,由欧洲直升机公司研制(该公司由法国航宇公司和德国 MBB 公司联合组成)(见图 1-8)。"虎"式计划是 1984 年正式开始的,法国政府和德国政府签订了一项谅解备忘录,内容是研制取代"小羚羊"和 BO105P(PAH-1)直升机的轻型武装直升机[1]。上述备忘录对该武装直升机所提出的战术技术要求,能够满足德国陆军的要求,为此,德国陆军中止了购买美国 AH-64"阿帕奇"武装直升机的计划。从修改上述备忘录,到两国的制造商,即法国的航宇公司和德国的 MBB 公司正式达成研制协议,花了整整 5 年的时间。该协议把要研制的轻型武装直升机正式命名为"虎" (Tiger)。根据计划将首先研制两个主要型别,即火力支援型和反坦克型,共有 3 个型号,即法国的火力支援/空战型 HAP、反坦克型 HAC 和德国的反坦克型 UHT。1996 年初,欧直又决定将"虎"式直升机的基本构型分为两种:使用桅杆式瞄准具的 HCP 型(即反坦克型 HAC 和 UHT)、使用顶置瞄准具的 U-TIGER(即火力支援/空战型 HAP)。"虎"式武装直升机的造型类似其他反坦克直升机,是纵列双座的狭长低短造型,以减少正面面积,利于隐身,减少被发现的概率,也利于运输。机身中段两侧加装了一对短翼,可提供 4 个挂架,可挂载武器。机身下方为耐冲击自封式油箱,油箱容量为 1 360 L。其机体结构追求安全性,即使自封式油箱遭到射击后,仍能飞行 30 min,机身可抵御 7.62 mm 与 12.7 mm 机枪的射击。在设计上,首先突出了高速、敏捷和精确的操作品质,技术水准比"阿帕奇"更胜一筹。

图 1-8 "虎"式武装直升机

(1)法国"虎"HAP/HCP/HAD 型。HAP/HCP/HAD 型(支援护送直升机/多用途战斗直升机/支援型武装直升机)中,HAP 和 HCP 是为法国陆军制造的中型空对空战斗和火力支援直升机,均配备有机头下 30 mm 炮塔,装备一门基亚特(GIAT)M781 30 mm 口径转膛炮,翼下可搭载 22 管 68 mm SNEB 非制导火箭发射器或 20 mm 的机炮用于火力支援,也可挂装

---

[1] 在 20 世纪 70 年代,随着专用武装直升机在局部战争中出色的发挥,该机种为各国军队竞相研制装备。当时法国装备了"小羚羊"武装直升机,德国装备了 BO105P(PAH-1)武装直升机,但两者都是从轻型多用途直升机改进而来的。因此两国谋求以合作形式,研制一种专用武装直升机。

MBDA"流星"空空导弹。HAD为HAP型的升级款,升级后发动机(MTR390.1464马力①)功率提高了14%,配备了原为德国UHT型开发的TRIGAT-LR远程"崔格特"反坦克导弹、AGM-114"地狱火"系列导弹,并也可配备以色列Spike中程"长钉"导弹。

(2)德国"虎"UHT型。UHT型("虎"式支援直升机)是中型多用途火力支援直升机,用于装备德国联邦国防军(德国武装部队)(见图1-9)。该机可以携带PARS 3 LR远程"崔格特"反坦克导弹或HOT3"霍特3"反坦克导弹以及"九头蛇"70 mm火箭。两侧机翼各装备2个AIM-92"毒刺"导弹,用于空对空作战。UHT型与HAP/HCP不同的是没有集成炮塔,但可以根据需要加装12.7 mm机枪炮塔。

图1-9 德国"虎"UHT反坦克型

(3)澳大利亚"虎"ARH型。ARH型(武装侦察直升机)由澳大利亚陆军订购,以取代OH-58"奇奥瓦勇士"侦察直升机和UH-1直升机的"大盗"武装直升机。ARH型是在HAP型基础上的修改和升级,加装了升级的MTR390发动机,安装了激光指示器以发射AGM-114"地狱火"空地导弹,SNEB非制导火箭也被比利时FZ公司制造的70 mm火箭发射器代替。

"虎"式直升机拥有多种型号,既能执行战斗支援和护卫任务,又能实施反坦克作战和与敌方直升机空战等任务。配有多功能的座舱仪,观察瞄准系统具备较高的运动范围,而且飞行员与射手都分别拥有独立的观察装置。装于机头的前视红外仪,以热成像的方式为飞行员提供夜间飞行视力,影像投影在飞行员所戴的头盔显示器上。供射手使用的壳顶瞄准仪系统包括一具热成像摄影机、一台电视摄影机、一具追踪霍特导弹的光电定位器。最新型无源瞄准系统和远程火力系统的应用,又使"虎"式武装直升机的作战效率大大提高。

2. 日本OH-1"忍者"武装直升机

OH-1"忍者"(Ninja)是川崎重工于20世纪90年代初开始研制的一种轻型武装侦察直升机,用于替代日本陆上自卫队现役的OH-6D轻型武装侦察直升机(见图1-10)。该机是日本自行研制的第一种军用直升机。1996年8月6日,原型机进行了首次飞行,1997年5月到8月,共有4架飞机装备部队,1999年开始批量生产,日本海上自卫队计划定购180～200架OH-1,但到2013年只交付了4架原型机和34架量产型共38架直升机。2015年2月17日曾发生过一架OH-1飞行过程中双发故障坠毁的事故,导致该机型全部停飞。直至2019

---

① 1米制马力(ps)=0.735 kW,1英制马力(hp)=0.746 kW。

年3月1日,经设计改进的新型OH-1开始恢复飞行训练。

图1-10 OH-1"忍者"武装直升机

OH-1"忍者"武装直升机采用武装直升机常用的纵列式座舱布局及用来搭载武器的短翼,在座舱棚顶安装了前视红外电子侦察、电视和激光测距设备,座舱内装有平视显示器。OH-1机身两侧的短翼可挂载空空导弹及副油箱,两个挂点各装一个双联空空导弹发射器,能带4枚东芝-91型近距空空导弹(由肩扛式防空导弹改进而来),载弹量可以达到600 kg以上。据报道,新改进的OH-1加装了M197型20 mm口径加特林机炮、70 mm火箭发射器以及"陶"式重型反坦克导弹(见图1-11)。

图1-11 改进型OH-1"忍者"武装直升机

OH-1使用了大量复合材料,采用无磨损旋翼系统,有4片碳纤维复合材料桨叶、桨毂、无轴承弹性容限旋翼,可抵御12.7 mm枪弹毁伤;采用涵道式尾桨,8片尾桨桨叶为非对称布置,既降低了噪声,又减少了震动;最大设计速度为280 km/h,起飞重量为3.5~4 t,作战半径可达200 km以上,机动性能良好,噪声低;采用吸震座椅和乘员的装甲保护,战场隐蔽性和生存能力较强。

3. 印度LCH武装直升机

LCH武装直升机是印度斯坦航空有限公司(HAL)研制和生产的一种轻型武装直升机,是印度首次尝试自行研制的武装直升机[①](见图1-12)。LCH武装直升机机长16 m,主螺旋桨直径13.3 m,尾桨直径2.054 m,巡航速度275 km/h,最大航速330 km/h,最大作战升限

---

① 美国根据LCH研制进度和印度军方的需求,适时为印度提供了AH-64E型武装直升机及其生产线。据报道,该生产线每年可以组装生产48架直升机,目前AH-64E已经装备印度部队。因此,后续LCH的命运取决于印度官方的态度。

5 500 m,正常作战航程 700 km,最大起飞重量 5.5 t。可在海拔 3 000 m 的机场起飞,在 5 000 m 的高度正常使用机载武器系统,并在不超过 6 500 m 的高度遥控无人驾驶飞行器执行任务。根据这些战术数据来分析,LCH 可以在绝大多数印度北部的高海拔机场使用。

图 1-12 LCH 武装直升机

LCH 可携带 20 mm 机炮、集束炸弹、火箭弹、空空或空地导弹等武器,用于摧毁或杀伤敌方坦克、运兵车队、边境工事和交通枢纽等典型目标和地面有生力量。该机采用多个彩色大屏幕多功能显示器用于综合显示,机头还装有前视红外探测器、激光测距仪、激光指示器,雷达警告接收机、激光警告接收机、头盔显示器等装置,从外形上看,该机设计考虑了隐身能力。总之,LCH 是一款可以在复杂气候条件使用现代化武器执行作战任务的,具有一定高海拔作战能力、战场生存能力和隐蔽突防能力的现代化直升机。

4. 意大利 A-129/土耳其 T129 武装直升机

(1)意大利 A-129 武装直升机。意大利总参谋部针对欧洲战场可能出现的大规模坦克作战,在 1972 年试探性地提出研制一种专用反坦克直升机,这在欧洲是第一家[①]。1978 年 3 月,阿古斯塔公司同意大利陆军共同投资发展新型武装直升机,即 A-129"猫鼬"(Mangusta)武装直升机(见图 1-13)。意大利陆军的基本要求是采用"陶"式导弹,直升机最大任务重量超过 3 800 kg,巡航速度 250 km/h,海平面爬升率 10 m/s,无地效悬停高度 2 000 m,续航时间 2.5 h。

图 1-13 A-129"猫鼬"武装直升机

A-129"猫鼬"主要用于攻击地面的装甲目标,能够在白天、黑夜和各种气候条件下执行任务。该型直升机也可以配备专门用于空对空作战的武器,并且在"猫鼬"的基础上开发出了

[①] 当时意大利有两个选择:购买现成的直升机(例如 AH-1)或者改进一种本国现有直升机。为此,意大利进行了 AB-205 直升机挂载"陶"式导弹的试验,但是试验的结果却并不能让意大利陆军满意,而如果购买 AH-1 又价格不菲,也令意大利航空工业难以接受。权衡之下,意大利陆军航空兵决定联合阿古斯塔公司,转向对 A-109 直升机进行大幅度升级改型,项目名称为 ELECC 轻型巡逻、反坦克直升机。意大利陆军航空兵与此相对应的另外一个计划是研制中型多用途直升机家族,包括战场支援、运输、C3 和侦察搜索型直升机。结果,由于资金问题,最终只有第一个反坦克型直升机项目得以继续。

A-129"国际"型,满足了当今武装部队对多任务战斗直升机的需求,它具备出色的性能和生存能力,同时只需要相当低的维护成本。虽然与 AH-1"眼镜蛇"和 AH-64D"长弓阿帕奇"等直升机相比,在火力和技术方面仍处于劣势,但是毫无疑问,这是一种性能出众的直升机,且价格方面具有明显优势。

(2)土耳其 T129 武装直升机。阿古斯塔公司于 2007 年赢得土耳其新型武装直升机项目的竞标,为土耳其提供新型 T129 武装直升机,这种直升机由 A-129"猫鼬"武装直升机改型而来。土耳其和意大利于 2008 年 6 月 24 日正式启动了该项目,为土耳其武装部队制造 T129 武装直升机(见图 1-14)。由于土耳其陆军对该机的需求非常迫切,所以在 2010 年 11 月又签署了价值 4.5 亿美元的 9 架 T129 的采购合同。这批直升机被编号为 T129A,换装了两台 CTS800-4A 涡轴发动机,并拥有新的变速箱和尾桨。该机的武器仅限于 20 mm 机炮和 70 mm 非制导火箭,瞄准和导航设备是 ASELFLIR-300T FLIR,而更现代化并具有全部作战能力的生产型直升机则被命名为 T129B 武装直升机。

图 1-14 T129 武装直升机

T129B 被分成两个批次生产,分别称为 TUC-1(土耳其独特配置-1)和 TUC-2。30 架 TUC-1 批次直升机的正式编号为 T129B1,配备 AGM-114"地狱火"Ⅱ和"长钉"-ER 导弹;TUC-2 批次(T129B2)的 20 架将安装全国产化航电系统,配备 UMTAS 导弹和 CIRIT 激光制导火箭弹。T129 的固定武器为机头下方的 20 mm M197 加特林机炮,该机短翼的 4 个挂架上可挂载多种武器,其中包括 70 mmCIRIT 激光制导火箭弹、UMTAS 导弹、空对空"毒刺"(ATAS)导弹、70 mm 无制导火箭弹和机枪吊舱(见图 1-15)。

图 1-15 T129 武装直升机及挂载的 UMTAS 导弹

三、武装直升机发展趋势

(一)进一步增强空对空作战能力

武装直升机作为一种新兴的武器平台,目前可供借鉴的空对空实战战例很少。但随着世界各国武装直升机数量不断增加,武装直升机的空对空作战已不可避免,已成为一个重要的研究课题。美国陆军航空司令部经过研究,将未来武装直升机空对空作战战术归纳为以下几个要点:充分利用地形隐蔽条件,实施突然攻击;空战的持续时间很短,攻击是一次性的;单机对抗和双机对抗是空战的基本形式。根据飞行特点和以往的作战经验来看,未来武装直升机的空对空作战将具有以下主要特点:①空战高度低,贴近地面,武装直升机飞越阵地前沿时的离地高度通常为 5~10 m,双方遭遇高度为 18~30 m,空战空域高度为 30~300 m;②作战双方的距离变化较大,远距攻击将超过 10 km,近距有时仅数百米;③作战双方谁先发现目标,谁就处在有利地位;④作战双方谁先使对方进入武器可攻击区域内,谁获胜的可能性就大,其中武器的可攻击区域取决于武器的作战性能指标,包括机动性、最小发射距离和最大发射距离等;⑤数量优势比较明显。从上述空对空作战的战术要点以及作战特点可以看出,武装直升机除了应具有优良的飞行性能和良好的生存性以外,其机载武器和火控系统也必须具有与之相适应的作战能力,其中航空机枪(炮)作为传统近距格斗武器,在未来的空对空作战中仍将大有用武之地。空空导弹由于具备攻击范围大、离轴性能好以及命中精度高等特点,所以优势比传统机枪(炮)更大,必将成为武装直升机空对空作战的主要武器。

未来为满足武装直升机空对空作战的战术要求,必须对武装直升机进行升级和改造。第一,提高导弹的智能化程度。导弹应具有发射后不管的能力,应该反应敏捷,具备跟踪能力强、操纵性能好和响应速度快等特性。第二,在全向攻击能力的基础上,突出导弹的综合性能指标。导弹必须与机载探测系统和头盔瞄准显示系统交联,并具有大离轴角发射能力。同时应增强导弹的杀伤能力,要能连射或齐射,增加战斗部的杀伤威力和制导精度。在体积小、重量轻的前提下,导弹应适应零速或低速发射,并具有较高的最大过载以及较大的飞行速度和动力射程。第三,提高直升机低空飞行性能。直升机要适用于超低空乃至贴地高度使用,可低速甚至零速发射。第四,应具有较好的抗干扰能力,导弹应具有抗人工诱饵干扰以及地杂波干扰的能力。第五,应具有良好的挂机性和维修性。导弹应重量更轻、尺寸更小、挂机更方便,同时具有较好的弹机相容性。同时,导弹的使用以及维护应该更加简便易行。

(二)进一步增强空对地攻击能力

随着武装直升机在现代战争中地位不断提高、作用不断增大,其作战能力必将进一步增强,所以机载武器也将迎来新的发展机遇。除了上述的重视空对空作战能力而改进和发展空空导弹外,进一步增强空对地攻击能力,改进和发展各种空对地攻击武器必然是武装直升机面临的最大课题。

对机载反坦克导弹来说,未来战场具有大纵深、立体化、信息化的特点,要求其具有更高的首发命中率、更强的抗干扰能力和全天候作战能力。从机载反坦克导弹的发展趋势看,主要是针对新一代坦克所采用的复合装甲、贫铀装甲以及红外探测、激光预警等防护措施加以改进。新一代机载反坦克导弹将普遍采用激光制导、毫米波制导、光纤制导以及双模制导,以提高机载反坦克导弹的抗干扰能力、恶劣气候条件下和夜间作战的命中精度。发展俯冲或飞掠式攻击坦克顶装甲反坦克导弹和带自动寻的头的攻击坦克顶装甲子弹药,增大弹径、射速、射程,提高动能,增大战斗部对装甲的侵彻深度。目前国外正在研制第四代机载反坦克导弹,典型型号是法、德、英联合研制的、计划装备"虎"系列直升机的、具有发射后不管能力的"远距-特里加特"(LR-TRIGAT)红外成像制导导弹。

对航空火箭弹来说,国外在保持火箭弹低成本的基础上,正在大力改善其精度,同时采用高新技术开发超高速新型火箭弹,不断改进和研制各种类型的战斗部,包括次口径集束/子母式战斗部、标枪式战斗部等。此外,在火箭弹上加装导引头也是一个重要动向。

对航空机枪(炮)来说,为提高性能,目前国外的研究重点是:第一,减轻机枪(炮)系统的重量。减轻重量就可以减小武器系统的惯性力,这对于提高机枪(炮)尤其是活动炮塔的反应速度是非常重要的,在不减小机枪(炮)口径的情况下,减轻重量所采取的主要措施是采用高强度的轻型复合材料。第二,减小后坐力。后坐力的大小直接影响机枪(炮)的瞄准及射击精度。减小后坐力的主要措施是采用可施加恒压的液压驻退装置以及增设炮口制退器。第三,改进弹药。长期以来弹药一直是发展热点,国外目前的研究重点主要是提高初速、减小弹丸飞行阻力、改进引信以及研制预制破片弹、钨合金弹芯动能弹和贫铀弹芯动能弹等新型弹药。

(三)进一步提高直升机功率载荷

功率载荷就是发动机单位额定功率所能举起的直升机重量,是直升机总体设计的关键参数之一,其实际上就是固定翼飞机的推重比。在直升机空气动力参数一定的情况下,功率载荷决定着直升机的最大起飞重量、载荷、飞行速度、悬停能力等指标,特别是在一些极端环境条件下的性能,如在高温高原条件下发动机功率下降,这就需要较大功率储备以维持直升机的飞行性能。在阿富汗执行任务的AH-64D直升机有时候需要拆掉毫米波机载雷达以维持其飞行性能,英国的WAH-64直升机却能凭借更大的发动机功率挂载毫米波机载雷达执行任务。我国20世纪80年代从美国进口的S-70"黑鹰"直升机一直是我军陆航部队在青藏高原执行任务的主力机型,原因就是国产直升机和进口的米-17直升机的功率载荷性能低于"黑鹰"直升机,因此在高原环境下前两者的飞行性能较低,无法完成相关机型的更新换代。

以AH-64武装直升机为例,其采用的"海尔法"机载激光制导反坦克导弹取代了上一代AH-1系列采用的"陶"式有线制导导弹,与有线制导导弹相比,激光制导导弹可以实现更远的射程,同时可以通过多种激光编码来实现多目标攻击能力。AH-64最多可以挂载16枚"海尔法"导弹执行作战任务,一次可以攻击多个目标,并且在外部照射器的支援下,AH-64可以发射导弹后迅速脱离任务空域,从而大大提高了战场生存能力。不过导弹的体积和重量也随之上升,"陶"式导弹长为1.17 m,"海尔法"为1.77 m,直径前者为0.15 m,后者为0.17 m,重量前者为28 kg,后者为45 kg,"海尔法"导弹还有为保障机载武器使用而增加的航空电子系统,让AH-64的重量突破了5 t,仅此一项就已经超过了AH-1G的最大起飞重量,因此 AH-64 采用的是 T700 涡轴发动机,功率超过了 1 200 kW。由于激光制导受限于恶劣气候条件,所以 AH-64 发展了配备有毫米波雷达的 AH-64D 型,其重量增加了大约 500 kg,其发动机功率也相应提高近 1 400 kW,以保持相应的战术技术性能,不过 AH-64D 仍面临高温高原条件下作战性能不足的问题。由于最大起飞重量不足,在阿富汗作战的 AH-64D 必须要把毫米波机载雷达去掉,并减少机炮的备弹才能保证搭载充足的燃料,以保持足够的航程和滞空时间。但英国使用的 WAH-64D,则因为采用的发动机功率超过 1 500 kW,不需要去掉这些设备就可以起飞执行作战任务,其综合作战能力反而要优于美军的 AH-64D。由此可见提高武装直升机发动机功率的重要性。

第二节 武装直升机的作战使用

武装直升机是火力和机动力的有效统一,是实施纵深火力打击的理想工具,不仅适用于突击计划内的目标,还特别适用于突击新发现的以及由上级或友邻的"火力召唤"而临时指示的目标。战争实践证明,武装直升机对坦克实施突击,不论是单个坦克还是集群坦克,不论是运动坦克还是固定坦克,只要被直升机发现,便可用反坦克导弹实施有效攻击,通常可达到 70% 以上的毁伤概率。所以,武装直升机依靠强大的机载压制武器,如无控火箭弹、空地导弹等,适用于从超低空对敌实施火力突击;同时挂装空空导弹的武装直升机,具有夺取低空和超低空制空权的能力,能够灵活实施兵力机动和空中火力机动,充分发挥火力的突然性和猛烈性。因此,武装直升机是现代作战中联合火力打击的重要力量。

一、主要作战任务

(一)攻击坦克及装甲目标

武装直升机是一种非常有效的反坦克和装甲目标的武器,能够攻击各种主战坦克及其他用途的坦克。各种装甲车辆包括步兵战车、装甲输送车、侦察指挥车,以及具有装甲保护的自行压制兵器和自行反坦克兵器等。在现代战争中,坦克仍然是陆军作战的主要装备之一。据统计,现代战场上软、硬目标的比例大致为:硬目标(坦克)占 30%,半硬目标(各种装甲车辆和具有装甲保护的兵器)占 40%,软目标(无装甲保护的技术兵器及有生力量)仅占 30%。这样便使反坦克、反装甲成了地面战斗的主要内容,它们关系到地面战斗的胜败。世界各国的武装力量中,都把武装直升机列为反坦克火力配系的要素之一。在近、中、远距离的反坦克火力配系中,武装直升机主要承担 4 km 以外的远程攻击任务,作战半径一般为 100 km,可在远离前沿的纵深地带进行反坦克及装甲目标战斗。国外进行的模拟对抗试验表明,坦克与直升机对抗的击毁概率为(12~19):1,近几十年来的多次现代局部战争(包括越南战争、中东战争、两伊战争和海湾战争等)中,武装直升机反坦克作战战果累累,充分证明了武装直升机是反坦克和装甲目标最有效的装备之一。如美国的 RAH-64 直升机,每架所具有的火力可摧毁敌方 27

辆坦克。

(二) 实施近距离火力支援

在现代合成作战中,武装直升机可利用携带的多种武器,对地面部队作战实施有效的近距离火力支援。通过攻击地面敌方有生力量、防御工事和阵地、各种武器装备和军事设施,直接支援己方部队夺取战斗胜利。

20世纪50年代在阿尔及利亚战场上,武装直升机初步显露了近距离火力支援能力。在20世纪六七十年代的越南战争中,美军大量使用直升机,直升机除了用于运输及其他战斗勤务之外,广泛用于对地面部队的直接火力支援,专门研制的"眼镜蛇"武装直升机及装有武器的"依洛魁"多用途直升机成功地用于攻击各种地面目标,压制对方火力。在20世纪80年代长达10年的阿富汗战争中,苏军大量使用米-24直升机,给对方造成很大威胁。在英阿马岛战争中,英国出动了近百架武装直升机,有效地支援了登陆作战。在20世纪90年代初的海湾战争中,美军的"阿帕奇"直升机首先揭开了"沙漠风暴"的序幕,利用夜间突袭摧毁了伊拉克边境上的雷达站,为空袭巴格达开辟了"黑色安全走廊",并在作战的全过程中始终紧密配合地面部队行动,以近距离火力支援给伊军以毁灭性打击,对地面作战的进程和结局产生了重大影响。近几十年来多次大小规模的局部战争实践表明,武装直升机出色的近距离火力支援能力,在夺取战争胜利中起着非常重要的作用。

(三) 为机降、运输和战勤直升机提供安全护卫

武装直升机的重要使命之一,就是对己方的运输直升机和其他各种战斗勤务直升机实施空中掩护,以对付来自空中和地面对己方运输和战勤直升机构成的威胁,保护己方顺利遂行任务。现代战场错综复杂,敌我边界犬牙交错、模糊不清,空地敌情瞬息万变,深入战区甚至纵深,执行机动运输、侦察、通信联络、指挥、校射、电子对抗和救护等不同任务的各类直升机,完成任务的重要前提就是武装直升机的保护。对进入战区执行任务的其他直升机来说,来自空中的威胁主要是敌方飞机或直升机的攻击,来自地面的威胁主要是地空导弹、高炮、高射机枪和其他武器的攻击。用固定翼战斗机护航,因其与直升机速度、高度差太大,往往难以直接协同和配合行动。而用武装直升机来对付敌方武装直升机和低空作战的低速飞机(如强击机),是较合理的选择。担任护航任务的武装直升机,不仅能够伴随被掩护的直升机编队共同行动,而且具有较强的与敌低空飞机、直升机作战的能力。武装直升机不但可对敌方地面武器实施攻击,予以先行摧毁或作火力压制,而且可与敌直升机、低空飞机格斗,消灭对己方直升机编队造成威胁的目标。以战场侦察为例,美军在空地一体战中,要求纵深侦察,军级达300 km,师级达150 km,旅级达70 km,以全面搜集战区及其附近敌情。侦察任务由包括直升机在内的特遣分队来完成。侦察直升机在军属战斗航空旅中占有较大比例,而这些直升机在进行侦察,特别是纵深侦察时,都明确规定由武装直升机作护卫。再以纵深机降部队突袭为例,在海湾战争中的"沙漠军刀"行动中,美军第18军一次出动以运输直升机为主的300多架直升机,进行了被称为军事史上直升机最大规模的作战行动,而在前面开路、护航的就是AH-64武装直升机。

(四)争夺超低空制空权

现代立体战场上,各类直升机及低速飞机在超低空频繁活动,使超低空空域成为新的战场,作战双方围绕超低空制空权而展开激烈斗争。飞行在"树梢高度",具有很强火力而又灵活机动的武装直升机,对地面部队构成的威胁很大,各国的军事专家们都在研究对付它的办法。在地面武器方面,研制了小型地空导弹、多管自行高炮、反直升机地雷等多种武器。实战表明,由于武装直升机的战术飞行特点及其不可忽视的战争能力,夺取超低空(一般为150 m以下)制空权,成为现代武装直升机的又一重要使命。

实际上在几次规模较大的局部战争中,由于作战双方都大量使用直升机,狭路相逢,直升机之间短兵相接的空战随时都可能发生。自1979年8月至1982年6月,在两伊、中东等战争中,就发生过28次武装直升机之间或直升机与固定翼作战飞机的空战;1983年9月4日,在两伊战争中,在伊拉克巴斯拉港前线,1架伊拉克的米-24D直升机执行巡航任务时,与伊朗陆军的1架AH-1J武装直升机相遇,米-24D反应迅速,动作灵活,紧急跃升,抢占有利的攻击位置,以12.7 mm机枪先敌开火,击落了AH-1J直升机。这些战争中的实例都说明争夺超低空制空权是现代战场上武装直升机责无旁贷的重任。此外,武装直升机还可遂行侦察、空中指挥、电子战和其他作战任务,因而有人称之为"战场上的多面手"。

某型武装直升机可完成对目标的搜索、跟踪、测距,对获得的目标信息、载机信息和武器的参数进行火控处理,对各种武器进行选择、管理和发射控制等,以实现直升机在悬停、前飞、俯冲、机动等各种飞行状态下,对地面有生力量、各种软硬目标以及空中各类直升机和低空飞行的固定翼飞机实施有效攻击。典型作战任务是执行对地攻击作战任务和执行对空攻击作战任务,如图1-16和图1-17所示。

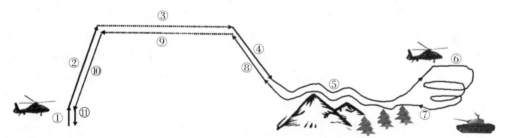

图1-16 对地攻击作战任务剖面
①—起飞;②—爬升;③—平飞;④—下滑;⑤—贴地飞行;⑥—战斗;⑦—贴地飞行;
⑧—爬升;⑨—平飞;⑩—下降;⑪—着陆

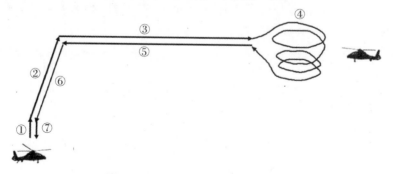

图1-17 对空攻击作战任务剖面
①—起飞;②—爬升;③—平飞出航;④—空战;⑤—平飞返航;⑥—下降;⑦—着陆

二、主要作战特点

(一)机动性强,行动隐蔽突然

武装直升机的操作灵活,变速、变向、变高快,转弯半径小,能迅速向作战地域集中或展开,能及时变换攻击目标;在低空、超低空飞行时安定性好,可以掠地飞行,便于利用地貌进行伪装和隐蔽,达成突然袭击的目的。

(二)攻击武器威力大,效果好

武装直升机可挂载导弹、火箭、航炮等多种武器,可悬停攻击,便于各种武器的瞄准和发射,命中精度高;可迅速改变攻击方向,攻击目标的薄弱部位,击毁率大。

(三)攻击的目标体积小,易伪装,搜索发现困难

武装直升机飞行高度低,目视空中定位能力弱,攻击的坦克、装甲车体积小,敌地面步兵、炮兵阵地等目标也都极易伪装,因此武装直升机对地攻击时搜索发现目标困难,这也对武装直升机机载设备的研制和飞行员的训练提出了极高要求。

三、主要作战使用模式

不同作战样式中,武装直升机对地攻击的作战使用模式也不尽相同。受编制体制、技术战术、作战指挥和装备发展水平等因素制约,目前武装直升机对地攻击的使用和训练主要集中于野战条件下平坦或丘陵地带的作战行动,其他作战样式中的作战使用大多停留在理论研究阶段,相关训练也很少开展。目前武装直升机对地攻击的典型作战使用模式为:攻击时进行独立编组,采取"按计划"或"听召唤"出动方式,由武装直升机自行搜索、自行领航、自主完成对地攻击任务。

(一)对地攻击时的编组

由于各国军队编制体制、武器装备状况和作战思想不同,武装直升机攻击地面目标时的编组也不尽相同,一般分为独立编组和混合编组两种方式。独立编组是指由武装直升机单独编组完成对地攻击任务,混合编组是指由武装直升机、侦察直升机和电子战直升机等组成混合编队完成对地攻击任务。

(二)对地攻击时的出动方式

独立编组作战使用模式下,武装直升机对地攻击时的出动方式一般分为两种:一种是按计划出动,一种是听召唤出动。

1. 按计划出动

在事先制定作战预案和行动计划的基础上,作战中根据战场态势适时指挥武装直升机出动的一种方式。飞行员根据作战预案所规定的任务进行航线准备,计算领航诸元,研究战术对策,进行各种协同,然后在起降场待命。地勤和保障人员对直升机进行所需的油料、弹药和后

勤支援保障准备。在战斗实施中,武装直升机按计划开车、出航、攻击目标。这种出动方式有严密的准备程序,实施前各类人员均"心中有数",完成任务的概率较大。采用按计划出动方式,一般适用于进攻作战,战斗的主动权在我方。

2. 听召唤出动

根据战场上临时出现的情况,在只知原则作战任务,不知详细作战细节情况下,依据指挥员的临机命令或相关作战部队的呼唤随机出动的一种方式。在战斗前,指挥员只下达总的意图,飞行员不明确具体攻击目标,不明确具体攻击时机。在起降场得到指挥员命令后,甚至起飞后才得知作战地域、攻击目标和攻击方法。这种出动方式要求飞行员具有良好的快速反应能力和应变能力。与按计划出动比较,这种出动方式完成作战任务的概率下降,作战条件、环境较为苛刻,一般适用于防御作战。然而在情况瞬息万变的信息化战场上,武装直升机越来越多地需要听召唤出动。

(三)对地攻击的实施方法

武装直升机对地攻击的实施方法一般有两种:一种是完全由武装直升机自行领航,在作战地域内自行搜索,自主完成对地攻击任务;一种是起飞后有引导保障,由空中侦察机、预警机或地面指挥控制中心给予必要的帮助和指令。武装直升机对地攻击行动一般由武装直升机自主完成。

在攻击实施前一般需要确定武装直升机的起降地域(集结待命地域)。条件允许情况下可以从其常驻机场起降,这样可以充分利用机场的油料、航材、弹药等保障物资和导航、通信、指挥设备。但由于武装直升机作战半径有限,加之作战时间限制,往往要将武装直升机调到某一待命地域(这样的地域为临时起降场)。在选定起降场后应做好各种保障工作,收到指挥员开始攻击命令后及时起飞。当多架武装直升机执行任务时,起飞后还应进行编队。而后通常以100 m左右高度,隐蔽飞向战区。在航线飞行中,可充分利用地形地貌,减小被敌发现的概率。在多机攻击同一地域目标时,可采用曲折航线、从不同方向进入、高低配合的战术。航线的选择要尽量避开对方的对空警戒和防空火力。为准确飞到目标区,飞行员要充分利用多种手段实施空中领航。只装有无线电罗盘、磁罗盘的武装直升机,按计划出动时要按照预先计算的磁向和无线电相对方位角领航,听召唤出动时要按照指挥员通报的航向或自行在地图上目视确定的航向飞行。装有惯性导航设备或卫星导航设备的飞机,可利用这些设备实施"盲目"飞行,可在昼间复杂气象和夜间复杂气象条件下实施领航。抵达作战地域后应适度上升高度进行目标搜索,分辨出所攻击的目标后即进行攻击。

武装直升机攻击地面目标的方式通常有3种,即下滑(俯冲)攻击、平飞攻击和悬停攻击。①悬停攻击是指武装直升机利用地形隐蔽机动,搜寻发现目标后,占领发射阵位,在空中悬停状态下使用机载武器对目标实施瞄准和攻击。②平飞攻击是指武装直升机以一定的高度和速度,沿着飞行航线接敌,搜寻发现目标后,通过机动进入机载武器可发射区,在平飞状态下完成对目标的瞄准和攻击。③下滑(俯冲)攻击是指武装直升机通过隐蔽机动接近敌目标后,选择好有利的攻击方向,适时或突然跃升到一定的高度,以一定的下滑(俯冲)角度和速度对准目标,在下滑(俯冲)过程中完成对目标的瞄准和攻击。具体采用何种攻击方式,要依目标的防空能力、尺寸、坚固程度、攻击精度要求等而定。通常情况下,使用导弹攻击装甲目标时,采用平飞或悬停攻击;使用航空火箭或炸弹时,采用平飞攻击;使用固定航炮时可采用下滑(俯冲)攻击,而使用活动航炮时则可采用平飞攻击。

外军特别是美军,从20世纪60年代初推行"灵活反应战略",在空降作战的基础上发展了以直升机为运载工具的空中机动作战,并在越南战争及以后的局部战争中广泛应用。特别是在海湾战争、伊拉克战争、阿富汗战争中,空中机动作战发挥重要作用。空中机动作战使战场更加立体化、战斗纵深进一步扩大、战斗行动更加快速多变和战线更加模糊等,备受美军重视,已成为美军的一种专门的作战行动,是现代战场上实施战斗机动的一种主要手段。攻防作战中,空中突击部队可能遂行以下主要任务:在进攻作战中,利用直升机将所需兵力迅速输送到敌后,实施迂回、包围,牵制对方主力的机动,配合正面部队实施进攻;直接配合正面进攻部(分)队夺取指定目标;进行威力侦察,及时了解敌方动向,以便指挥官适时调整进攻部署;当由进攻转入追击时,空中突击部队快速向敌后实施迂回,占领敌退路上的制高点、隘路、渡口等要点,阻击退却之敌,待正面追击部队赶到,形成前后夹击的围歼态势;在机动防御作战中,空中突击部队可担任前方防御部队,从远距离上迎击或侧击敌军,迟滞其前进并逼敌过早展开其进攻队形。在防御过程中,可协同主力反冲击或担任机动预备队,以便在战斗最紧要时节,及时增加防御兵力,遏制对方攻势,或应对临时出现的威胁;大部队转入反攻或进攻时,可遂行先遣任务;在地域防御作战中,可通过空中机动变更防御部署,改善防御态势,增大防御纵深,并向不易接近的瞰制地形增援兵力,制止对方向纵深扩张战果,保持防御稳定。空中突击部队通常编入防御部队的快速机动预备队,以便在战斗的最重要时节使用。此外,空中突击部队还可在掩护部队地域遂行战斗警戒任务或掩护任务,及时发现对方的进攻征候,并在可能的情况下,实施先期抗击作战,破坏敌进攻准备。美军主张运用攻击直升机深入敌纵深地域,突击敌二梯队特别是二梯队中的坦克装甲部(分)队。海湾战争地面战斗开始后,美陆军航空兵使用强大的近距离反坦克火力,粉碎了伊军以坦克为骨干的多次反冲击、反突击和反合围行动,有力地支援了地面突击兵团的行动。在巴士拉以西的一场战斗中,美陆军第24机步师的一个AH-64攻击直升机营同伊军"共和国卫队"一个师交火,该营共击毁伊军84辆坦克和装甲车、38辆轮式车辆、4套防空系统和8门火炮。海湾战争中"诺曼底"特遣队攻击伊军雷达站的空中攻击行动就是典型的特种空中攻击样式。1991年1月17日凌晨,多国部队对伊拉克大规模空袭行动前22 min,美军第101空中突击师的3架MH-53特种作战直升机和8架AH-64攻击直升机组成的"诺曼底"特遣队,以低空飞行方式向北飞入大沙漠的黑暗之中。经过长时间的贴地飞行,隐蔽进入伊拉克南部。发现位于沙伊边境的伊军两座重要的预警雷达站后,8架AH-64攻击直升机分成两组,在MH-53特种作战直升机的指挥引导下,向着伊拉克的预警雷达站猛冲过去。在距目标约10 km处,武装直升机发射"海尔法"导弹,摧毁了伊拉克的预警雷达站。

  武装直升机还配备有空空导弹,可以执行对空中目标的攻击任务,包括与敌直升机进行空战,也可与敌固定翼飞机进行空战。在1973年的第四次中东战争中,交战双方的攻击直升机就已进行过空战。为此,外军十分重视提高直升机的空中格斗能力。在两伊战争中,直升机与固定翼飞机的空战共发生174起,双方各有数十架直升机被对方战斗机和攻击机击落,直升机间的空战发生56起。据报道,1982年10月,伊拉克军队的米-24直升机击落伊朗空军的F-4战斗机1架;1986年,伊朗的AH-1直升机击落伊拉克空军喷气机1架,伊朗军队的AH-1J直升机和伊拉克军队的米-24直升机在这次战争中至少发生过10次空战,有10架米-24、6架AH-1被对方击落;在海湾战争中,美国陆军航空兵的AH-1S攻击直升机和OH-58D侦察直升机携带"响尾蛇"式空空导弹执行自卫任务,伊拉克军队有6架直升机被多国部队的战斗机和攻击机击落。

第二章 效能与效能评估

作战效能是军事领域中的专业术语,是衡量作战单位在作战过程中能否取得胜利的重要指标。作战效能可以分为武器系统效能和作战行动效能两类:武器系统效能是指在特定条件下,武器系统(如导弹武器系统、火箭武器系统等)被用来执行规定任务所能达到预期可能目标的程度;作战行动效能是指在规定条件下,作战兵力执行作战任务时采取某一作战行动(如立体攻击作战行动等)所能达到预期目标的程度。武器系统效能的分析与评估是武器装备设计、定型、生产和使用等的重要评估手段,作战行动效能的分析与评估是兵力编成、武器装备装载、兵力与武器作战使用等的理论依据。对作战效能进行评估可以为作战指挥提供辅助决策。"运筹帷幄之中,决胜千里之外。"其中,"运筹帷幄"可以理解为古代军事家运用智慧和作战经验对作战效能评估的过程,其目的是争取以最小代价实现预期目标。通过科学的手段和方法对武器作战效能进行评估,才能使评估结果具有科学性和说服力。随着高新技术在战争领域的不断应用,战争系统日益复杂,作战信息爆炸式增长,传统的效能评估方法存在适用范围不明确、作战效能内涵模糊等问题,有必要对作战效能概念进行界定,根据评估模型形成机理的不同对评估方法重新分类,以满足效能评估研究发展需要。

第一节 基本概念

人们在从事某项工作、制造某种产品或构造某个系统等活动时总是从中追求所得的收效,即活动的效果。"效能"一词内涵十分丰富,不同的学者也给出了不同的定义,但是基本意思都相差不大。在军事活动中,尤其是围绕军事装备或系统的活动中,效果则称为效能,用效能来体现军事装备或系统所具有的价值。这里价值是指军事装备或系统能达到的某个或某些任务目标的能力大小,需要界定。关于作战效能评估方法的研究已广泛展开,然而在目前已有的一些成果中,出现了作战效能、系统效能和能力概念混淆的问题。

一、效能

关于效能的概念,按一般理解,与系统效能是没有差异的。只是由于美国效能概念比系统效能概念出现早的历史原因,两者在定义和内涵上略有差异。

在《装备费用-效能分析》《效能评估理论、方法及应用》和《装备效能评估概论》等著作中都把效能定义为:效能是一个系统满足一组特定任务要求程度的能力(度量),或者说是系统在规定条件下达到规定使用目标的能力。① "规定条件"指的是环境条件、时间、人员、使用方法等因素,"规定使用目标"指的是所要达到的目的,"能力"则是指达到目标的定量或定性程度。效能的概率定义是:系统在规定的工作条件下和规定的时间内,能够满足作战要求的概率。国防大学胡晓峰教授认为,效能描述的是系统在一定条件下实现其预定功能、达成预计目标的程度。美国工业界武器系统效能咨询委员会(The Weapon System Effectiveness Industry Advisory Committee,WSEIAC)认为:"效能是系统能满足一组特定任务要求程度的度量。"效能内涵描述虽有不同,本质上却有共同之处,通常是指完成特定任务的程度,或达到系统目标的程度,或系统期望达到一组具体任务要求的程度。在军事运筹学中,效能一般指作战行动的效能或武器系统的效能。作战行动的效能是指执行作战行动任务所能达到的预期可能目标的程度,也就是执行作战行动任务的有效程度,在一定条件下表示为军事力量或行动方案的效能;武器系统的效能是指在特定条件下,武器装备被用来执行规定任务时,所能达到预期可能目标的程度。对于武器而言,是指武器执行规定任务所达到预期目标的程度,是武器系统内蕴涵的核心所表现出对用户有益(或有利)的作用。简单地说,效能就是系统内蕴涵的能力和使用中表现出的效果。

通常效能的概念可以分为三类:单项效能、系统效能和作战效能。其中,单项效能和系统效能是武器系统本身所具有的基本效能,而作战效能是在作战实际情况下的动态效能,三者是层层递进的关系。单项效能是指运用武器系统时,是就单一使用目的而言的,如武装直升机的探测效能、空对地导弹的射击效能、空空导弹的抗干扰效能等。单项效能对应的是目标单一的行动,而且以射击效能研究最为普遍,方法也较成熟。

二、系统效能

系统效能是在对装备系统可靠性、维修性、保障性深入研究的基础上发展起来的,作为系统完成其任务剖面能力的度量,适用于各种不同的系统,因此人们就用各种不同的方法描述系统效能。下面列举几个常见和较为成熟的系统效能的定义,这些表述均是从研究对象的特点出发,根据所要研究的目的、可能的条件等确定的,因此有所差别,并分别适用于不同的场合。但是,它们有一个共同的特点,即都把影响系统效能的诸因素同系统效能的关系确定下来,认为系统效能是系统完成其任务目标能力的度量,所以在各自的领域中是适用的。这就要求分析者在以系统效能为度量进行效能分析时,必须正确地理解和掌握装备、任务、约束等分析条件,在此基础上进行适用性分析,从而确定系统效能的内涵。但是,不论采用哪种表述,都必须要反映出系统效能的本质。

(一)我国关于系统效能的定义

我国军用标准 GJB 1364—1992《装备费用-效能分析》中对系统效能的定义为:"在规定的条件下达到规定使用目标的能力。""目标"可以指装备的单项性能、单项品质指标,也可以指装备的总任务,即可以用装备的某个单项品质指标表征其效能,称为"指标效能",也可以用装备完成总任务的综合品质指标表征其效能,称为"系统效能"。事实上,由于人们现在普遍关心和

---

① 王玉泉. 装备费用-效能分析. 北京:国防工业出版社,2010.

研究的是武器装备完成其规定任务的综合品质指标——系统效能,因此,现在国内外文献中提到的"效能",一般均指"系统效能"。我国军用标准 GJB 451A—2005《可靠性维修性保障性术语》中对系统效能的定义为:"系统在规定的条件下和规定的时间内,满足一组特定任务要求的程度。它与可用性、任务成功性和固有能力有关。"GJB 451—1991 中的定义为"系统在规定的条件下满足给定定量特征和服务要求的能力。它是系统可用性、可信性及固有能力的综合反映。"我国系统效能研究大都是以美国工业界武器系统咨询委员会提出的 WSEIAC 模型(又称 ADC 效能模型)为基础而开展的。我国军事运筹学专家给出了武器装备系统效能的定义:系统效能又称综合效能,指武器系统在一定的条件下,满足一组特定任务要求的可能程度,是对武器系统效能的综合评价。

(二)国外关于系统效能的定义

苏联关于系统效能的定义:系统完成特定任务的能力程度的数量描述。美国关于系统效能的定义非常多,各个行业领域都有不同的表述方式。美国曾经用武器装备输出的某项性能或某项品质指标来度量其效能,例如摧毁目标数、运输总吨位、功率、速度、作用距离、信息传送量、可靠性、可用性等等,都曾单独用来度量武器装备的效能。

1. 美国工业界装备效能咨询委员会的系统效能

美国工业界装备效能咨询委员会认为:"系统效能是预期一个系统满足一组特定任务要求的程度的度量,是系统的可用性、可信性和固有能力的函数。"这是一个应用最广泛的系统效能的表述,它将可靠性、维修性和固有能力等指标效能综合为可用性、可信性、能力三个综合指标效能,并认为系统效能是这三个指标效能的进一步综合,如图 2-1 所示。武器系统的可用性(Availability)、可信性(Dependability)和能力(Capability)组合成一个可反映武器系统总体性能的效能 E,进而评价该武器系统。系统的可用性是指在开始执行某项任务时系统状态的度量,是装备、人员和程序三者的函数;可信性是系统在完成某项特定任务时将要进入和处于它的任一有效状态,且完成与此状态有关的各项任务的概率;系统能力(性能)是对系统完成任务能力的度量。假设系统的总效能为 E,则有

$$E^T = A^T \cdot D \cdot C$$

式中:E^T——系统效能行向量;

A^T——可用度行向量,是系统在开始执行任务时所处状态的量度;

D——可信度矩阵,表示在开始工作时系统所处的状态,用于描述系统在执行任务过程中所处状态的量度;

C——能力矩阵,表示在执行任务过程中系统所处的状态,用于描述系统完成规定任务能力的量度。

该方法是武器系统效能评估中应用最为广泛的一种经典评估方法,其在具体应用中得到了很多改进,出现了很多应用于不同类型武器系统的改进 ADC 方法。

在最简单的场合下(系统只有工作和故障两种状态)使用此系统效能的概念时,需关注 3 个问题,一是一个系统在开始执行任务时是正在工作或可工作的吗?二是若一个系统在开始执行任务时是可工作的,那么,在执行任务的整个过程中它是否能继续工作?三是若一个系统在执行任务的整个过程中一直工作,那么,它是否能成功地完成任务?当然,在复杂的情况下则要回答更多的问题,如系统在开始执行任务时所处的状态是什么,有多大的概率,执行任务

的过程中系统的状态将如何变化,有多大的转移概率,考虑维修时情况如何,在执行任务过程中系统每一状态转移能完成任务的概率有多大,等等。

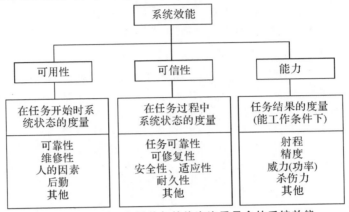

图 2-1 美国工业界装备效能咨询委员会的系统效能

2. 美国海军的系统效能

美国海军提出的系统效能的概念认为系统效能由系统的性能、可用性、适用性三个主要特性组成,是"在规定的环境条件下和确定的时间幅度范围内,系统预期能够完成其指定任务的程度的度量"。其中,性能表示系统能可靠、正常地工作且在设计中所依据的环境下工作时完成任务目标的能力,可用性表示系统准备好并能充分完成其指定任务的程度,适用性表示在执行任务中该系统所具有的诸性能的适用程度。其具体分解如图 2-2 所示。其数学上的描述为:"在规定的条件下工作时,系统在给定的一段时间过程中能够成功地满足工作要求的概率。"

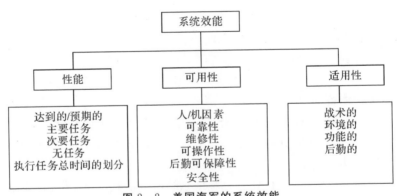

图 2-2 美国海军的系统效能

3. 美国航空无线电公司的系统效能

美国航空无线电公司提出的系统效能的概念认为系统效能由战备完好率、执行任务的可靠性和设计恰当性三部分组成,并认为:"系统效能是系统在给定的时间内和在规定的条件下工作时,能成功地满足某项工作要求的概率。"其系统效能如图 2-3 所示。其中,战备完好率表示系统正在良好工作或已准备好,一旦需要即可投入工作的概率;执行任务的可靠性表示系统将在任务要求的一段时间内持续地良好工作的概率;设计恰当性表示系统在给定的设计限度内工作时成功地完成规定任务的概率。

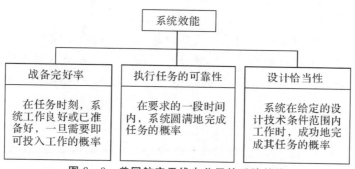

图 2-3　美国航空无线电公司的系统效能

4. 美国军用标准 MIL-STD-721B 中的系统效能

美国军用标准 MIL-STD-721B 中,系统效能是"产品能够预期完成一系列专门任务要求的程度的度量,它可以理解为可用性、可信性和能力的函数"。其中,可用性表示当任务要求在某一未知(随机)的时候开始时,对产品在任务开始即处于可工作状态和可使用状态的程度的度量;可信性表示从一个方面或几个方面对产品在执行任务过程中的工作状态的一种度量,这种度量包括可靠性、维修性及可用性对产品任务开始状态的影响;能力表示对产品在一定条件下达到任务要求的能力的一种度量。

美国陆、海、空三军在各自的研究领域中,曾用不同语句作出了定义,给出了各自的基本数学模型。尽管表达语句和数学形式略有差异,但就其内涵而言,仍是一致的,都反映了系统效能的3个本质要素:一是随时能投入使用的能力;二是执行任务期间能正常工作的能力;三是战术技术性能指标所决定的综合能力。因此,《可靠性维修性术语定义》对系统效能及其表征参量统一给出如下定义:系统效能是一个装备项目能够预期达到一组规定任务时所要求的程度的量度,并可表达为可用性、可信性与能力的函数。可用性是指当在一个未知的(随机)时刻要求立即执行任务时,其装备项目开始执行任务时处于可工作状态的程度的量度;可信性是指已知该装备项目在开始执行任务之际的状态,对于该装备在执行任务之际的状态,对于该项目在执行任务过程中一个或几个点上工作状态的量度,其中包含了可靠性和维修性的作用影响;固有能力是指已知在执行任务过程的状态,该装备达到其任务目标的能力的量度。

三、作战效能

作战效能至今没有明确的唯一定义。在作战条件下,由于敌方具有打击、反击、干扰和机动等能力,以及其他不利环境的影响,装备主战系统不能完全发挥其固有效能。因此,我国军用标准 GJB 1364—1992《装备费用-效能分析》对作战效能的定义为:"在预定或规定的作战使用环境以及所考虑的组织、战略、战术、生存作战能力和威胁等条件下,由代表性的人员使用该装备完成规定任务的作战能力。"美军《防务采办术语》(1998)和《防务采办电子手册》(1996)中定义作战效能是"考虑到部队编制、作战原则、战术、生存性、易损性和威胁(包括各种电子对抗,核武器初始效应,核、生物和化学污染威胁等因素)在系统作战使用所计划或预期的环境(如自然、电子、威胁等)中由有代表性的人员使用时,系统完成任务的总体水平。"《武器装备发展系统论证方法与应用》(李明,刘澎.北京:国防工业出版社,2000)认为,作战效能是指特定的作战部队使用一定编制体制结构下的某一武器装备集合构成的作战系统,在执行作战行动任务中所能达到的预期可能目标的程度。概括地说,作战效能是指完成规定作战任务的能力,是武器系统和兵力作战行动的最终效能和根本质量特征。简言之,即执行作战任务的有效程度,这种概念比较符合我们当前的认识。作战效能的最大特点是具有动态化,即对抗双方的作战能力随时间变化,可通过作战模拟和仿真方法,根据已知或规定的程序和数据来描述研究作战过程,评估武器系统的作战效能。也有的将作战效能定义为运用效能,在实际运用条件下,由于各种不利环境的影响,装备系统不能完全发挥其固有能力。将运用效能定义为:装备在一定条件下完成任务时所能发挥有效作用的程度。这个定义看似简单,其实给出了装备运用效能的诸多限制条件,必须是在实际运用环境中,考虑到自然环境、复杂电磁环境、生存威胁等诸多影响因素,由代表性的人员使用所取得的运用效果,它强调了在真实的运用环境中装备完成规定任务的能力。

在实际作战效能评估中,还会对相关作战行动进行评估,就涉及作战行动效能的概念。作战行动效能是指一定的军事力量在特定作战环境中执行某一作战任务所能达到的预期可能目标的程度。作战行动是由一定的军事力量在作战环境中按照一定的行动方案进行的,因此需要考虑特定环境和特定任务目标。作战行动效能主要包括4个因素——作战任务、作战力量、作战环境、作战结果。作战任务是指赋予作战部队的预期目标,一切行动的开展都以作战任务为中心,作战任务可能是包括单一作战行动的任务,也可能包括一系列复杂的作战行动。作战力量指一定的作战单元,如一个步兵连、一个炮兵营或一个坦克分队,构成要素为一定的人员、武器装备和保障物资器材。杜派指数法是量化作战力量的典型方法,该方法将作战力量分为5个分向量:打击力、机动力、防御力、信息力和保障力。作战环境分为狭义的作战环境和广义的作战环境:狭义的作战环境主要包括自然环境和电磁环境,如地形、水文、气候、电磁干扰程度等;广义的作战环境还包括敌军情况和友军情况。作战结果是指战斗结束后所产生的结果,如作战任务完成率、敌我伤亡情况、武器毁伤情况、战斗持续的时间等,作战结果是评估作战效能的重要依据。从以上分析中可以看出,作战行动效能是个动态概念,在评估作战效能时,不仅要考量人员和武器装备系统所能发挥能力的情况,还需考虑外部作战环境的影响。和武器系统效能评估相比,作战行动效能的评估内容更加复杂,需要将武器装备系统同外部作战对抗环境以及作战任务联系起来,建立"作战任务—作战力量—作战环境—作战结果"和"作战效能"之间的关系。

四、效能评估

评估一词按其字面意思理解就是评价和估计的合称。评价是对人或事物的价值进行评定,估计是对事物做大致的推断,也就是评估者根据特定的目的和信息,对某一事物的价值进行定性和定量确定的过程。评估是对所研究的对象或系统的某个属性给予度量,并在此基础上进行判断。度量是按共同尺度进行数量计算和比较,是客观的;判断是对不能量化因素所做出的定性估计,是主观的。评估必须要把客观的度量和主观的判断结合起来,如威胁评估、作战效能评估、方案评估。

《中国军事百科全书·军事装备发展》(第二版)(屠恒章.北京:中国大百科全书出版社,2008)认为,效能评估是对装备及其系统在规定条件下执行规定任务所能达到的预期目标程度进行分析和评价的方法。其目的是在规划、论证、工程研制、使用等寿命周期活动中,评估装备系统执行作战任务的效能,针对装备系统在实际作战中可能承担的各种作战任务以及涉及的整个作战过程,对不同方案或不同装备系统的优劣进行评价比较,为决策制定提供理论指导和数量依据。也有人认为,效能评估就是计算效能指标的值,主要包括3个主要环节:构建效能指标体系;根据给定条件,计算效能指标的值;由诸效能指标的值求出效能综合评估值。[①]

由于效能包括"武器系统效能"和"作战效能"等,效能评估也就不同。武器系统效能评估和作战效能评估,二者是站在不同层次、不同环境、不同评估对象的角度所进行的评估,都是表征武器装备完成总任务的能力。武器系统效能评估是站在装备的角度,在设计规定条件下,不考虑火力威胁和生存等战场因素情况下,以规定的环境和装备为对象进行效能评估,综合评价武器装备完成规定任务的能力。作战效能评估是站在整体系统运用的角度,评估的对象是实际运用中的方方面面和变化的动态环境,在规定的作战战场环境下(基本上仍限于设计所限定的作战使用条件),考虑火力威胁和生存等战场因素的情况下,武器装备完成规定任务的能力,是武器装备可用性、可信性及作战能力的综合反映,是任何装备系统的最终效能和根本质量保证,是装备系统最本质的特征。

五、相关概念辨析

(一)效能与效果、效应、效率、能力、性能

效果:指的是系统在特定的环境下完成特定的任务所体现的结果,一般用于对装备完成任务情况作定性的评价,强调结果或后果。

效应:在有限环境下,一些因素和一些结果构成的一种因果现象,多用于对一种自然现象和社会现象的描述。"效应"一词使用的范围较广,并不一定指严格的科学定理、定律中的因果关系,如温室效应、蝴蝶效应、木桶效应等。

效率:给定资源条件下,单位时间完成的工作量,即用户所能获得效益的量度。简言之,效率为输出效益与输入资源定量指标的比值。

效能、效果、效应和效率,四个词意义具有很大的差别。"效应"是对因果现象和因果联系的描述;"效能"是对因果联系中"因"的功能和能力的度量;"效果"是对因果联系中的"果"的描述或评价;"效率"则强调定量的指标,可用于表征"效能"或"效果"。此外,在文献中还经常出现"效力"一词。这是一个从医药学借用的术语,为评价药物作用强度常以某特定效应的剂量表示。用于武器,是指打击效果,与"效果"一词相近。

效能和能力是运筹学研究中常见的两个概念,这两个概念很容易混淆,在评估过程中经常

[①] 杜晓明.基于仿真的装备保障效能评估.北京:国防工业出版社,2017.

被看作是一个概念,导致评估结果的错误和偏差。"功能"即能力、功效、作用,装备的功能可以直观地定义为装备能完成的工作、能执行的任务。能力指的是装备系统在正常工作的前提下完成预定任务的程度,对于不同的任务,同一个系统表现出来的能力高低是不同的。从某种意义上讲,能力是系统固有能力在特定使用环境中的一种体现,而排除了其他人为因素的作用。装备的能力在很大程度上依赖于分配给它的工作或任务,用于完成特定工作或任务的装备,对于该工作或任务,其能力可能很高,但是换成另一个工作或任务,其能力就可能很低。

"性能"主要是指器材、物品等所具有的性质和功能。装备的性能主要指装备完成某一工作、执行某一任务所体现出来的能力,一般通过系统的单一指标来衡量,特殊情况下将具体任务与性能一词连用,如隐蔽性能、机动性能、防护性能等,则是由多个单一性能指标和具体任务、环境等决定的综合性能,实质上等同于"能力"。装备的使用性能也是对装备基本能力的描述。

效能是最高级别的综合能力,包含若干不同的能力;性能则是最低级别的单一能力指标。在具体任务和环境等一定的情况下,能力由多个相关单一性能确定,效能由若干能力和相关性能确定。

(二)效能与作战效能

效能是用以评估或评定系统内蕴的特定功能及其运行中表现出的效果的尺度。对于武器和武器系统来说,指武器系统执行规定任务所能达到的、用户所企盼或要求达到目标的程度的测度。

作战效能是指一种单件武器,或武器平台,或武器系统,或由多种武器和人员组成的大系统,执行规定作战任务所能达到的效能。因此,作战效能是对一种评估对象作战效力和能力的定量量度。"作战效能",一般又可分为"系统效能"和"作战效能"。前者一般作为武器或武器系统本身效力和功能评估的理论尺度;后者则通常作为武器或武器系统实战效能评估的尺度。军事变革的实施计划结构和操作实施中要求,在战争之前和之后,均应对武器或武器系统效能进行定量估算和评价。这种战争之前的估算,通常称为"效能评估";战争之后的评价,则通常称为"效能评定"。

(三)武器系统效能与作战效能的关系

武器系统效能与作战效能是从不同的角度来反映武器系统的效能,两者在反映武器系统的效能方面有相互联系甚至相似的地方。但是,两者在概念和内涵上并不是一致的。

除了 GJB 1364—1992 给出作战效能的定义外,还有的定义认为作战效能是指在规定条件下,运用武器系统的作战兵力执行作战任务所能达到预期目标的程度。其中,执行作战任务应覆盖武器系统在实际作战中所能承担的各种主要作战任务,且涉及整个作战过程,因而也称为兵力效能。如同样对于武器的突击,从作战角度则是部(分)队在一定战场条件下,涉及各种作战行动效率时的突击效能。在实际过程中,因战场环境的随机性,作战效能分析有时则局限于武器系统的火力毁伤效能。可以看出作战效能的概念具有广泛的内涵,更强调动态化,与武器系统所要担负的作战任务密切相关,并受到作战条件、时间的制约,主要体现武器系统完成预定作战任务的能力,与其系统组成、结构有直接关系,并与系统组成的各个子系统的可靠性、可用性的状态有关,关系到系统能否完成预定的作战任务和战术指标,还与作战的时间与任务、战场环境、目标有关。

武器系统效能内涵,与武器系统的组成、结构有关,反映的是整个武器系统在规定的任务范围内达到预期目标的能力;与执行任务过程中系统各组成部分的状态有关,包括系统在给定条件下能否根据任务需求及时投入运行,各组成部分在运行过程中正常工作的概率,能否达到预期的任务目标;与执行任务的时间、范围等有关。

此外,武器系统效能与作战效能在分析步骤上存在不同。武器系统效能分析的基本步骤是:确定系统效能参数,分析系统的可用性、可靠性和能力,评估系统效能;作战效能分析的基本步骤是:确定作战效能的构成,拟制作战想定,评估作战效能指标,对作战效能进行分析或仿真。可见,作战效能因考虑了真实作战环境,多以仿真研究为主,武器系统效能多以单项效能综合分析获得。

(四)作战能力与作战效能

作战能力也称战斗力,是武装力量遂行作战任务的能力。由人员和武器装备的数量和质量、编制体制的科学化程度、组织指挥和管理的水平以及各种保障勤务的能力等因素综合决定,也与地形、气象及其他客观条件有关。实际上,构成作战能力的具体因素和内容还有很多,如作战方针、战役战术原则、情报获取、快速反应、电子对抗、野战生存、战场建设、电子通信、编制体制、战争性质、群众基础、组织指挥等,都是构成作战能力的重要内容。

在军事领域,作战能力和作战效能是既有联系又有区别的两个基础性概念,从定义中可以看出,能力是武器装备在作战中使作用对象改变运动状态的"本领",即在给定最佳态势、最佳人员素质和一般环境的条件下,武器装备起主导作用时摧毁对方的"本领"。它是有形因素对战斗力的贡献,是战斗力的物质基础。评估装备作战能力,往往考虑的是武器装备自身的装备性能参数,如射程、装药量和精度等;而效能是武器装备系统或兵力作战行动达到的一种"程度",该程度是以能力为基础的,同时体现了编组和不同的作战运用,是在特定作战环境和条件下对作战能力的进一步检验和明确。从定义中可以看出,作战能力与作战效能主要有以下区别:

(1)作战能力是指武装力量为执行一定作战任务所需的"本领"或应具有的潜力,是一个相对静态的概念;作战效能是指在特定条件下,武器装备被用来执行特定作战任务或兵力采取某一作战行动所能达到预期目标的有效程度,是一个动态的概念。

(2)作战能力是武装力量的固有属性,由人员的素质、数量,武器装备的质量特性(性能参数/战术技术指标)、数量等决定,与作战过程无关;作战效能不但与武器装备的以上特性、数量有关,而且与兵力编配及其战术运用有关。

(3)作战能力是针对某一类(组)任务而言的,系统能够完成多少,是自身本领的一种刻画,是自身的特性,不存在两者之间的关系;作战效能是系统所能完成的任务和需要完成的任务的符合程度,是两者(所能完成的任务、需要完成的任务)之间的关系,例如对战斗攻击效果(发现概率、识别概率、命中概率、毁伤概率)的增大,对保存自己人员、武器、装备的可能性(生存概率)的增大,对战斗力指数的倍增,等等。

第二节 效能度量

为了评价、比较不同武器系统的优劣,必须采用某种定量尺度去度量武器系统的效能,这种定量尺度就是效能指标(准则)或效能量度。例如,用单发毁伤概率去度量导弹的射击效能,则效能指标就是单发毁伤概率。效能指标是系统完成给定任务所达到程度的量度,是评价、比较系统效能的具体尺度。作战效能指标是关于敌对双方相互作用结果的定量描述,它不仅可以用来说明武器装备系统效能和战斗结果之间的关系,进而评估武器装备系统的作战效能,而且可以确定一种兵力相对另一种兵力而言的作战效能。例如,在具体评价一个或多个武器装备的毁伤效能时,对于点目标,通常用毁伤概率表示,对于面目标,通常用毁伤百分数表示,则毁伤效能指标就可以是毁伤概率或毁伤百分数。由于作战情况的复杂性和作战任务要求的多重性,某项效能常常不可能是单个明确定义的效能指标,而是由一组效能指标来体现。这些效能指标分别表示装备某项效能的各个重要属性(如毁伤能力、机动性、生存能力等)或作战行动的多重目的(如对敌毁伤数、推进距离、装备平均维修时间等)。装备任务的多样性决定了单项指标的多样性,也影响了综合指标的度量。这些单项指标相互聚合,共同作用,形成综合性指标,这些相互关联、相互影响的单项指标和综合指标则构成了效能指标体系。

一、效能度量的含义

(一)效能度量的定义

必须确定效能的度量方式、单位,以便不仅对装备的使用价值有一定量概念,同时也可进行比较以鉴别优劣。1965年美国陆军战斗发展司令部把效能度量定义为:"表示装备在特定的一组条件下完成规定任务程度的尺度。"该定义包含两重含义:一是特定的一组条件,即完成任务要求时装备所处的环境;二是完成规定任务的程度,即装备所能达到任务要求的程度。该"程度"不仅可指完成任务剖面的概率,也可指系统完成某种任务的效果值或期望值,并且不应单指完成某个任务目标的概率。《系统分析与费用-效能分析》中指出,在确定效能度量时,"若已经准确地规定了任务剖面,可以用完成整个系统任务或完成某一部分系统任务的概率去表示效能。在其他情况下,即在不能得到一组具体的任务剖面的情况下,一定要把效能同系统的实际特性联系起来,比如,同距离、信道容量、速度等联系起来"。GJB 1364—1992关于效能度量的定义为:"效能度量是效能大小的尺度,是系统达到其任务目标程度的度量,可用完成一个任务剖面的概率表示,或是用与系统任务目标有关的期望效果值表示。"该处所提及的期望效果值是诸如系统所发出的功率、射程、通信速率、杀伤力等系统实体性能值,是一些物理量。由于效能的内涵随研究的角度不同而具体化,因此效能度量也将随研究角度不同而不同。如将研究的范围集中到装备的某一固有能力指标上时,效能的具体内涵可能是诸如速度、功率、精度、作用范围等,而其度量也可采用对这些固有能力的度量,如 km/h、km 等。

(二)效能度量的分类

1. 指标效能

对影响效能的各因素的度量,如对功率的度量——kW、对可靠性的度量——MTBF 等均是一种效能度量,即指标效能。根据研究的角度和重点不同,可取影响效能的因素中的一个或多个,也可将多个因素进行一定程度的综合作为效能度量。单独取某个影响效能的因素作为度量就是采用指标效能方式的效能度量,一般是以性能表示指标效能。对这些因素的一定程度的综合度量有时也作为指标效能,固有能力指数、可用性、任务成功概率等就是综合的指标效能。在进行类似装备的效能比较时,这种度量方式非常有效。这是因为类似装备的某些性能指标往往相同,仅对不同点进行对比就可能达到分析的目的。同时,指标效能也是某些综合效能(如系统效能、效能指数及作战效能等)的计算基础。

(1)以性能表示的指标效能。第一种是固有能力,即装备在给定的内在条件下,满足给定的定量特性要求的自身能力。各种装备的固有能力随其用途不同而异。对于简单装备,如枪支、火炮、通信器材等,其用途单一,固有能力可以用一个或几个相互关联的指标作为其度量。如枪支和火炮可用"射程和杀伤力"度量,通信器材可用"有效通信距离和通信速率及信道数等"度量。对于复杂的装备,如舰船、飞机等,其使用目标多样,达到每一目标都有其相应的固有能力,也即对每一目标都需要用一个或几个相互关联的指标作为其度量。如舰船,当用于对岸作战时,可用"火炮射程、机动能力、杀伤力及打击范围等"度量;当用于对空作战时,可用"火炮射程、火炮击毁概率、导弹射程、导弹击毁概率、指挥雷达精度和机动性等"度量。这些对固有能力的度量均可认为是以固有能力指标作为度量的指标效能。第二种是可靠性,即产品在规定条件下和规定时间内完成规定功能的能力。它是装备指标效能之一,反映固有能力指标效能的时间持续性。度量装备可靠性的常用参数有平均故障间隔时间 MTBF、规定时间内的可靠度、成功概率和故障率。这些参数就是以可靠性为效能的度量参数,可称为可靠性指标效能。

(2)综合的指标效能。一般可分为两类:一类是装备静态的固有能力指数,如固有杀伤指数、固有对空作战指数等。由于固有能力指标往往由多个参数来度量,为相互比较和权衡,一般可将这些参数通过一定的综合技术,综合为单一的固有能力指数,用以度量装备固有能力的大小。对于单一使用目标的简单装备,其效能用一个固有能力指数即可度量,如枪炮的固有杀伤指数、通信设备的综合通信能力等;对于多目标的复杂装备,每一对应目标都有一个固有能力指数,这些指数可能还需根据各目标的重要程度、使用频度等进一步综合,从而获得对所有目标的平均固有能力指数。另一类是体现装备固有能力随时间的变化情况,如系统可靠性与维修性参数等。系统可靠性与维修性参数是综合度量装备可靠性、维修性及保障性等的综合参数,反映装备能否随时可用和持续好用(能否随时并持续发挥其固有能力)的特性,典型的系统可靠性与维修性参数有可用性、战备完好性、任务可靠性、可信性等。用系统可靠性与维修性参数作为综合度量往往比用单一的可靠性、维修性或保障性参数更接近使用者的要求,因此也就更为直接和有效。

2. 系统效能

系统效能是从综合角度度量一个系统或装备的效能,是效能度量的一种。在装备寿命周期内的各决策点上,为了分析其完成任务的能力,必须首先规定其要完成任务剖面的各要素,而在规定的任务剖面下,系统完成任务能力的大小就具有了一确定值,这个值就是系统效能,即系统效能是用于度量一个系统完成其任务的整个能力。在系统效能概念出现以前,人们往往认为系统的性能指标如功率、精度、射程、作用范围等是系统完成其任务目标能力的度量,但是,随着可靠性概念的出现,人们已认识到用系统的性能指标来度量系统完成其规定任务目标的能力是有条件的,这个条件是系统在工作开始时以及在工作期间应能可靠而正常地工作。因此,可靠性成了度量系统完成其任务目标能力的度量之一。同时,由于人们也认识到在许多情况下,系统可以由不能工作的故障状态经修复后恢复到可工作的正常状态,此时系统仍有可能照常完成其任务目标的要求,即系统的维修性可以弥补系统可靠性的不足。因此,维修性与可靠性一起成为度量系统完成其任务目标能力的参数。后来由于装备系统的不断复杂化和研究深入,保障因素、人的因素、安全性因素、环境因素等均已成为影响系统完成其任务目标能力即系统效能的因素。必须指出,系统效能是一个特定的术语,不是系统的效能,而是效能的一种度量方式。系统效能是效能的度量,本身应有单位,通常以完成任务剖面的概率和完成任务的程度(物理量)为单位。

(1) 概率。当进行系统效能分析的目的是确定完成任务剖面的概率问题时,可用完成任务的概率作为单位。如一架由双发组成的直升机动力装置,其可靠性、维修性及属于固有能力的性能参数(如功率等)已知,求其在时间 T 内到达距出发点为 L 的地域的概率;空空导弹武器系统,其可靠性、维修性及精度等参数已知,求其在任一时刻发射并击中距离为 L 的目标的概率。以概率作为系统效能的单位,必须规定任务剖面,然后分析当系统正常工作时能完成任务的概率,并考虑可靠性、维修性的影响,便可得出以概率为单位的系统效能值。

(2) 物理量。假如进行系统效能分析的目的是确定完成任务的程度问题时,则需用完成任务的期望值为单位。如空地导弹武器系统,其可靠性、维修性及精度等参数已知,求其在任一时刻发射时以规定的概率击中目标的距离值,或能击中什么样的目标。以物理量表示系统效能,可使人们知道在什么情况下系统能干些什么,以便正确使用系统,使其发挥出最大的效能。当以物理量表示系统效能时,只要规定系统的使用条件即可,不一定需要给出完整的任务剖面,所缺少的任务剖面参数可以作为系统效能的物理量单位。由于系统的物理参数很多,因此,有可能需要很多物理量才能充分表示系统效能,较为复杂。

3. 效能指数

效能指数一般是一个无量纲的数值,用来度量装备的效能。该数值越大,说明装备效能越高。从广泛意义上讲,指标效能、系统效能等均可转化为一指数,该指数的计算是相对的,亦即装备相对于典型任务或其使命所能令人满意的程度,这就是效能指数。指数原本是统计中反映各个时期某一社会现象变动的指标,指某一社会现象的比较群体的报告值与基准值之比。指数是以某一特定的分析对象为基础,把其他各类分析对象按照相同的条件与其相比较而求得的值。指数方法是用相对数值简明地反映分析对象特性的一种量化方法。采用效能指数作为装备效能的度量,源于 20 世纪 50 年代末期美国从事军事系统分析的专家,创造性地把国民经济统计中的指数概念移植于装备作战能力评估,从而提出了进行装备效能分析的指数方法。效能指数分析法的综合程度高、适用面广,分析得到的结果是一数值,可直观地看出装备的好与差,便于据此作出决策,且分析的对象可小至一台机器设备、一套雷达装置,大至一艘舰船甚至舰船编队或战役。在军事问题研究中常用于描述武器装备、作战人员在各种不同战斗环境条件下的综合战斗潜力和作战效能,为作战模拟、兵力对比评估及军事宏观决策论证提供基础数据。

军事上常用的指数种类很多,如武器火力指数、武器指数和综合战斗力指数等。某一单件武器的火力指数是指该武器在特定条件下发射弹药所产生的毁伤效果与指定的基本武器在同样条件下发射弹药所产生的毁伤效果的比值。以 RAND 公司的陆军武器火力指数来说明这一概念。武器指数除考虑武器本身的火力毁伤外,还应考虑使用时的机动能力和生存能力对毁伤的影响;综合战斗力指数除了考虑武器的战斗效能外,还要考虑作战对象、作战样式、使用武器的战斗人员与指挥人员的素质、作战环境及战略战术等诸多因素的影响。综合战斗力指数通常以火力指数或武器指数为基础,乘以各种反映自然或人力因素的一系列修正系数来求得。这些修正系数一般来自理论分析、战争经验、实兵演习或靶场试验三个方面。对于多任务的复杂系统,若以指标效能或以每一任务条件下的系统效能作为效能度量,则分析结果的数据量往往非常多,以这么多的数据作为决策依据,必然会受彼长此短所影响,从而难以作出正确决策。当系统变得更为复杂时,如分析一舰船编队的效能,则上述两种方法可能不尽适用,在这种情况下,采用指数分析法非常有效。

4. 作战效能

当装备在对抗的作战环境中执行任务时,敌方装备具有打击、反击、破坏、干扰和机动等能力以及其他不利的环境影响,使得本装备的固有能力不能完全发挥,从而使装备真正达到的效能比"固有"效能要低。不同的敌方装备及环境,对装备效能下降的影响程度和方式也不相同,亦即在对抗条件下,装备的效能不仅依赖于装备的"固有"效能,同时也与敌方的威胁和对抗有关。作战效能正是针对这种情况而提出的,因此,是在"真实"条件下的效能度量。它是"指在预定或规定的作战使用环境以及所考虑的组织、战略、战术、生存能力和威胁等条件下,由代表性的人员使用该装备完成规定任务的能力。"

对抗分析是研究作战效能的有效方法。由于装备的作战效能是对装备在与敌方对抗作战时能战胜敌人、完成任务程度的度量,因此,在进行作战效能分析计算时,一般应从分析对抗过程开始,首先应明确或规定对抗过程或对抗规则,并用相对成熟的数学模型(如兰彻斯特方程)描述,然后根据对抗规则,随着对抗过程的进行,分析对抗双方装备作战能力的变化情况,在对抗的结束点上(一方撤出战斗或被消灭)装备所具有的作战能力通常被认为是装备对应于该作战任务所具有的作战效能。

(三)指标的分类

效能指标作为度量系统效能的评价标准,在系统效能评估研究中占有特别重要的地位。选择合适的效能指标体系并对其量化,是做好系统效能评估的关键。

1. 按指标功能分类

(1) 尺度参数(Dimensional Parameter,DP),通常用来表示物理实体的固有特性和系统部件所应有的特性,如尺寸、材质、重量等。

(2) 性能指标(Measure Of Performance,MOP),通常用来度量系统的物理和结构上的行为参数和任务要求参数,如发现概率、覆盖范围、信噪比等。它是建立指标体系的基本元素之一。

(3) 效能指标(Measure Of Effectiveness,MOE),是对系统达到规定目标程度的定量表示,是对系统进行分析比较的一种基本标准,描述系统在作战环境下实现其总体功能的情况。

(4) 作战效能(Measure Of Force Effectiveness,MOFE),用于度量系统与作战效果之间的关系。

在这些指标中,尺度参数和性能指标一般与环境无关,取决于系统部件或子系统本身的特性,属于技术指标的范畴。而系统的效能指标和作战效能则必须在作战环境下考虑,是系统预期满足一组特定任务要求程度的度量,是综合性的指标,表示系统的整体属性。通常,系统设计者强调系统的尺度参数和性能,用户则更强调系统效能和作战效能。

2. 按指标执行分类

(1) 随机性指标。对于发生与否的不确定性,可以用概率指标描述,战场上各种事件的发生与不发生是最经常遭遇的不确定性,即随机性。所以,概率指标是最常用的效能指标,如导弹命中概率、毁伤概率、完成作战任务的概率、毁伤目标的数学期望等。

(2) 模糊性指标。对于清晰与否的不确定性,可以用模糊性指标描述,战场上各种事件的清晰与不清晰也是经常遇到的不确定性,即模糊性。模糊性指标一般可用隶属度表示,在许多场合,这也是必须使用的效能指标,如完成各种作战任务或射击任务的隶属度等。

(3) 灰色性指标。对于确知与否的不确定性,可以用灰色系统学指标描述,战场上各种事物的确知与不确知,也是经常遇到的不确定性,即事物的"灰性"。灰色系统原理规定:完全已知为"白",完全未知为"黑",部分未知则为"灰"。所以,灰色系统对于不确定性事物的描述,具有更加广泛的意义。事实上,随机性和模糊性也都属于一种特定的灰色性。灰色系统模型一般是预测模型,在军事领域的广阔范围,均有成功应用的范例。灰色系统理论指标体系一般比较复杂,其中灰数和灰函数、灰数的白化值、灰色关联系数和关联度、灰色系统的映射量等,都可作为效能评估体系中的效能指标。

(4) 物理指标和综合性指标。一些物理量和一些无因次量(无量纲量),也常常在比较单纯的场合用作评估的效能指标,如武器的射程、武器投射精度的均方差、毁伤面积,以及突防率或毁伤目标的百分比等。实际上,在更多的场合,作战效能评估往往采用综合性指标,如完成各种作战任务或射击任务的模糊概率、按质量等级隶属函数分布的可用概率等。

(四) 指标的特性

(1) 随机性。由于作战行动的随机性,效能指标必须用具有概率性质的数字特征来表示。例如,当作战行动的目的在于获得某个预定结果时,可取"获得预定结果的概率"为效能指标;当它是对敌方造成尽可能多的毁伤时,可定义敌方毁伤数平均值或数学期望值为效能指标。

(2)多尺度。效能的量度可取多种尺度,不同的尺度体现决策者不同的主观价值判断。选择哪种尺度取决于决策者要求的作战行动目的。因此,对同一作战行动,其作战目的不同,效能指标也可不同。

(3)不确定性。某些效能参数由于作战行动目标不明确或与人的行为因素关系密切而难以量化。例如指挥行动的效能,这种情况下的效能量度可应用定性评价的定量表示法,即选用表示相对效能主观评价的百分数作为效能指标。

(4)局限性。效能指标可能并不包含相应效能特性的全部信息。对作战行动效能起重要影响的许多因素如人员的士气、能力等从根本上讲是难以量化的。因此,必须考虑到效能指标的局限性。

二、确定效能度量的程序和方法

(一)确定效能度量的基本程序

确定效能度量,实际上是选择度量方式的工作,主要包括确定任务、明确范围和选定方式等。

1. 明确任务目标或任务剖面

效能是装备的使用价值,分析者必须首先明确装备的功能或用途,才能将任务目标和任务剖面与装备的重要性能指标联系起来,而忽略繁杂且又多余的次要指标,明确分析的重点。在装备论证中,为了评价各备选系统方案在效能上的优劣,使各备选方案在同等条件下进行比较,在进行系统效能分析时,论证人员应当对武器装备系统在未来战场上将要完成的作战任务作预先的想定。这种任务想定就是任务轮廓,目的就是给各备选系统方案在系统效能的评价方面提供可比条件;在装备系统概念分析中,应根据发展新型武器装备的总体要求,确定武器装备系统的目标任务及其任务剖面。因此,在进行系统效能分析时,可以将所确定的任务剖面进一步细化,以获得足以用于分析系统效能的任务轮廓。假若已经准确地规定了任务轮廓,确定效能指标的问题就简单多了。在这种情况下,可以用完成整个系统任务或完成某一部分系统任务的概率去表示效能。在其他情况下,如不能得到一组具体任务轮廓,一定要把效能同系统的实际特性联系起来,比如同距离、信道容量、速度等联系起来。要确定新型武器装备在作战使用过程中的任务轮廓并不是一件容易的事,因为每个武器装备在作战使用过程中,与其他同类的和不同类的武器装备往往进行组合编配,以遂行作战任务。为了研究分析武器装备的系统效能,必须在想定其任务轮廓时有意识地将该武器装备系统所完成的任务与其他相关的武器装备所完成的具体任务区分开来。对此,论证人员应当了解作战任务的层次结构,以及整个武器装备系统效能的层次结构。因为以系统的观点来分析,无论是作战行动效能还是武器装备系统效能,其实都不过是战争这个复杂大系统中不同层次子系统的效能。系统的层次结构决定了不同层次之间子系统效能参数的相互联系,了解并运用这个联系是确定新型武器装备的任务轮廓及分析系统效能的基础。

2. 选定分析范围

此处的范围是指那些影响效能的诸因素。有些因素直接影响着装备能否完成其任务,而有些因素与任务无关或关系不大,应确定那些仅与任务相关的因素作为分析的范围。

3. 确定度量方式

效能度量有指标效能、系统效能、效能指数及作战效能等四种形式。在选择度量方式时,可选其中之一,也可混合选择。如对作战行动效能进行度量时,由于作战行动的随机性,效能指标必须用具有概率性质的数字特征来表示。当作战行动的目的在于获得某个预定结果时,可取"获得预定结果的概率"为效能指标;当作战行动的目的是对敌方造成尽可能多的毁伤时,可定义敌方毁伤数平均值或数学期望值为效能指标。

(二)确定指标的方法

指标的确定需要在动态过程中反复综合平衡,有些指标可能要分解,有些却要综合或删除。随着时间、任务的改变,有的指标还要视情进行相应的变化。量化指标所需的数据可通过系统实际应用、军事演习、计算机模拟和实验等途径获得,主要方法有一般方法、自顶向下法和自适应渐进法。

(1)一般方法。一般方法确定指标的过程是先由专门的小组拟定草案,然后广泛地征询各方面专家、用户及上级领导的意见,经反复修改而定。

(2)自顶向下法。自顶向下法确定指标的过程,如图2-4所示,这是一个动态往复的、需要不断完善的过程。

图2-4 自顶向下确定指标的流程图

(3)自适应渐进法。自适应渐进法确定指标的步骤是:首先由系统分析与评价人员制定指标草案,再请子系统的设计者、使用单位的专家提出修改意见,然后请有关部门提出任务要求或任务假设,在整理收集有关指标的基础上建立评价模型(包括指标体系的层次结构),对系统进行评价,并提出改进意见,参照过去的战例或试验进行比较后,再反复修改,最后确定指标体系结构。

三、确定效能度量的要求

(一)能综合反映装备达到规定的使用目标的能力

一般装备均具有多样性的目标任务,同一装备完成不同任务目标的能力各不相同,其度量方式也不尽相同,这就是目标的多样性决定了效能度量的多样性。因此,在进行具体的效能分析时,效能的度量一般只能根据具体的装备功能和使用要求等情况确定,即根据功能与目标确定效能度量。如一辆汽车用于运输时,其载重量是决策者所关心的,就可将其作为效能度量;而当这辆车用于传递信息时,其行驶速度更为重要,就应将速度作为效能度量。某些情况下可能难以找到单一的度量,或有时采用单一的效能度量来综合各指标会产生预料不到的错误时,就需要用一组指标作为效能度量来定量表示装备的效能。一组指标的效能度量仍有利于进行效能分析和为决策者提供信息,因此,确定效能度量的重点往往不在设法寻求一单一度量,而是把效能同影响效能的各因素定量地联系起来。影响装备效能的因素有装备的固有能力、可靠性、维修性、耐久性、安全性、保障性、生存性、人的因素等,这些因素是构成装备效能的主要组成部分,它们有着各自的度量,将这些度量与装备的任务目标或分析的目的相联系后,即可确定效能度量。

(二)充分了解决策者的意图

在选择与确定效能度量时应注意的关键问题是所选择的效能度量必须能够基本上表示装备所能达到的任务要求。效能分析的过程是为决策者提供决策依据的过程,但不能代替决策,效能分析同样如此。由于效能度量不仅取决于装备本身,也取决于装备的使用方式、使用目的、使用环境等因素,而装备的使用方式、目的等均受决策者的影响,所以确定效能度量必须由分析人员和决策人员共同进行,不是根据决策者要求而确定的装备效能是没有多大实际价值的。多种尺度度量,不同尺度体现决策者不同的主观价值判断,选择哪种尺度取决于决策者要求的作战行动目的。因此,同一作战行动,由于作战目的可能不同,可有不同的效能指标。例如第二次世界大战期间英国商船安装高炮,若用高炮击落敌机概率为效能指标,则效能几乎等于零。但是,若用商船的损失概率来评价,则损失概率由 25% 降至 10%,说明安装高炮的效能相当高。

(三)注意单一与多个效能度量的特点

用单一的综合参数度量效能时称为单参数效能度量,同样,用多个未经综合或部分综合的参数度量效能时称为多参数效能度量。单一的效能度量最受决策者欢迎,也是效能研究所追求的目标,但是,使效能度量单一化的工作是复杂的,若处理不好参数之间、参数与综合的效能之间的关系,往往会使单参数度量的效能与实际情况不符,失去分析的意义。在此,决策者的思想往往是综合成功与否的关键因素。如果决策者的思想不明确,则只好将所有的参数一一列出,用多参数作为效能度量。因此,单一的效能度量并不总是恰当的。

(四)重视效能度量的层次结构

效能指标是系统完成给定任务所达到程度的度量。在层次结构中,各层次系统功能不同,因而应当有与其功能目标相一致的不同效能属性和不同效能指标,显现出效能的层次结构特性。例如,在战争系统中,战略层的效能指标是资源消耗率,战役或区域作战的效能指标是毁伤率,格斗的效能指标是损耗交换比,武器装备系统的效能指标是单发毁伤概率。在武器子系统层次,效能指标有时称为品质因数,如脱靶距离、致死率等。技术层次一般取性能指标作为效能指标,如光电跟踪器的性能指标是跟踪速率和观测能力等,以体现跟踪器的敏感度、分辨率、信噪比、调制传递函数和视场大小等特性。

各层次系统功能之间的联系决定了各层次系统效能参数之间的联系,层次结构中每一层的效能参数依赖于其下属各层的参数。各层次效能参数之间存在着链状关系作用,因此,某一个层次参数的变化将影响其上层各层次的参数,但这种影响是逐层减弱的。在战争系统中,武器装备系统层是技术和作战层次之间的连接环节。这一层的效能参数是单发命中概率之类的指标。格斗属于武器装备系统的上一层次,对格斗的分析提供了战斗效能参数(如损耗率或交换比)与武器装备系统效能参数之间的连接,格斗公式的基本输入是单发命中概率和射击规则(齐射、点射或单发连射)。技术层次是有效作战武器的基础,新技术或子系统改进对战斗效能的影响由于战争结构的复杂和涉及参数的众多不可能直接量化,然而新技术或子系统改善对作战层次的影响可以通过评价它们对武器装备系统层次的影响加以量化。这说明战争层次结构和等级组织结构有直接相似性,上层的效能依赖于下层的效能,但由最下层改善引起的上层效能变化不可能直接量化,需要一个中间环节提供评价的连续性。武器装备系统层次就是这样的中间环节。正是由于效能的层次结构特性,可以通过武器装备系统效能参数确定格斗效能参数,进而通过格斗效能参数确定战斗效能参数。

(五)科学恰当选取指标

在选择评价指标时要注意,对于复杂系统评价的研究要遵循从高到低、从复杂到简单向下划分的原则,采用分层细化的方法对系统问题进行研究。选择指标时有两个关键:一是确定与研究对应的相关作战行动规模;二是根据作战行动目的选择相应性能指标。评价指标并不是越多越好,关键在于指标在评价中所起作用的大小。如果评价时指标太多,不仅增加了结果的复杂性,甚至会影响评价的客观性。所以应通过筛选,除去对评价目标不产生影响的指标。通常,科学恰当的效能指标应针对研究的特定任务,效能指标应能表示完成相应军事任务的真实目的。例如,当研究的问题是武器装备论证或战术研究时,应首先确定适合所研究问题的作战行动,然后根据完成相应作战行动任务的要求选择效能指标;选取的效能指标应对决策变量或装备系统的性能参数具有高敏感性,以便能依据效能指标选出合理有效的决策方案或是确定对武器系统的性能要求;效能指标所具有的物理意义明显,可利用现有或新建的模型求解,这类模型通常应该简单而便于计算;所选取的效能指标可用试验方法加以评估,比如实兵演习、专项试验或仿真模拟等。总之,在确定系统性能指标时,要重点考虑那些反映系统本质特征的指标,而不是简单地选择囊括系统所应具备的全部指标,也不必包括系统支撑技术方面的各类指标;其次,只考虑各类系统的共性指标,但不排除对专用系统提出的特殊指标要求;再者,所确定的指标项目应面向系统整体性能,并不必要囊括各单项设备和分系统的指标;最后,还要使指标之间尽量避免交叉,各项指标应相互独立,不互相包容,指标应便于准确理解和实际度量。

在确定指标的过程中,当选取原则出现矛盾时要灵活处理。当评价的有效性和评价的简便性相矛盾时,应在满足有效性的前提下,尽可能使评价简便,而不是反而求之;当指标的系统性与指标的可获得性相矛盾时,指标体系必须要包括各有关方面的多种因素。但是,有些指标不易获得或不易测度,不能满足评价所需要的全部指标数据。因此,在建立指标体系时,对若干与评价关系密切的指标,尽管目前尚无法获得数据,仍要作为建议指标提出,以保证评价指标体系的系统性和科学性;当指标的精确性与指标的可信度出现问题时,评价指标应尽可能精确。如果有些指标目前不能做到很精确,与其为了追求精确而假设数据,或因得不到数据而将一些指标舍去,不如由专家根据经验做定性的描述,给某些指标以质的规定更为可信。在指标体系的确定以及简化过程中,应力求遵循指标选取原则,由专家或评价人员综合考虑。

第三节 效能评估的发展概况

一、效能评估的产生

最初,在 20 世纪 30 年代到 50 年代,出现了效能评估所应用到的理论方法基础有概率论和在第二次世界大战中发展起来的军事运筹学,包括规划论、排队论、网络与图论、随机试验统计法等。第二次世界大战后,人们从系统的角度研究装备发展与运用,标志着装备发展进入新阶段。过去,人们的注意力往往集中在单一装备如坦克、飞机、舰艇、运载火箭等发展方面,而把保证装备充分发挥作用的其他设备列为第二位。可是,实践证明,这些辅助工具数量不足或性能低劣常常会严重影响装备的使用效果。因此,在装备研究中出现了"系统"的概念。装备及其携带工具以及保证它们使用的整套技术设备与操作人员构成一个整体,即系统。因为装备系统的成功运用依赖于各个组成部分的协调工作,为了使系统最大限度地适应特定的任务,就必须找出各个部分构成的最佳组合方案和相应的评估方法。随着数学方法的广泛应用,出现了许多用于评价复杂系统的理论与方法,运筹学就是较早创建的方法之一。它的特点是在达到相同目的的条件下定量地评价组成系统的各种可能的方案,注重全面、系统地解决问题。系统论的思路和方法在军事中的典型运用,就是美国在装备评估中提出的"系统分析"理论,后来又发展到装备费用-效能分析。评价方法的不断发展和完善,将装备效能评估研究提高到一个新的水平,并不断推向新的阶段。

二、效能评估的发展

(一)简单的定量计算

早在1871年,俄国军界就提出有关装备杀伤力计算的问题。后来,由于装备发展论证和作战运用研究中的多方需要,普遍开展了计算武器杀伤效果的研究,提出了简单计算方法,所考虑的因素主要有威力、精度、爆炸方式、目标特性及其他有关参数等。当时,主要是通过粗略计算,从某一侧面概略地比较不同型号的作战效果,所用的指标通常有对目标的毁伤概率、摧毁目标预定程度的弹药消耗量等。所有这些定量计算,开始一般都是作为其他课题中的量化分析内容而成为整个课题研究的一部分,后来逐渐形成一些独立的基础研究课题。在资料中,有时还用杀伤效率、杀伤破坏效果和杀伤力等术语表示。

(二)效能评估研究的广泛开展

从20世纪60年代中期开始,美国对效能评估问题开展了大量的研究,提出了各种类型的效能评估模型,并用于评估多种类型的装备,比较典型的是美国工业界武器系统效能咨询委员会为美空军提出的系统效能模型、杜派的理论杀伤力指数及武器指数等;苏联比较典型的研究成果是《防空导弹武器系统的效能》以及《评定武器效能的概率法》,这些书中主要对单个装备系统的效能评估问题进行了叙述。之后到20世纪80年代,效能评估在理论研究和工程实践上都取得了一定的成果。理论方面,逐步形成了从军事运筹学到军事系统工程的方法论体系,同时发展出一些定量分析方法;实践方面,美国陆海空三军和一些直接从事尖端装备生产的大公司都专门设立了从事系统效能的效能评估模型,并据此开展了装备的研制与开发,使得美军装备建设和国防建设取得了巨大成功。

20世纪90年代后,随着装备系统效能评估理论开始向系列化、自动化、智能化方向发展,美军充分利用各种信息技术,特别是计算机技术、虚拟现实技术和网络技术,并采用"战争工程"的方法论,组建大量的实验室和研究中心,开展装备的运用效能分析和先期概念演示技术,以此来探索未来新的军事能力。之后,美军在军事变革的探索中,越来越重视理论探讨与计算机仿真的结合,采用仿真的方法进行装备效能分析已经成为当前一种最为有效的做法。

在20世纪80年代后期和90年代初期,国外特别是美军应用比较广泛的模拟方法被我国引入,国内开始大量运用模拟方法评估装备效能,并应用在飞机效能评估中。国内还成立了多个专门的效能研究机构,开展了大量卓有成效的研究工作。近几年,我国在装备系统效能评估方面开展了大量的研究工作,在评估理论方法创新、评估模型构建、评估仿真软件研制等方面都取得了大量成果,我军对现役的大部分主要装备,如装甲装备、海军装备、空军装备、火箭军装备,都开展了效能评估研究,并取得了大量的成果。

(三)效能评估研究的深入

近年来,装备效能评估研究日趋深入,主要表现在以下两个方面:一是研究范围扩大。过去的装备效能评估研究多局限于主要装备系统,随着军事科学技术的发展和认识的提高,对各种保障设备也开展了大量的效能评估研究。当前效能评估研究的对象,已涉及各种类型装备及其研制、生产、使用的各个环节。二是系统性课题研究增多。

(四)效能评估研究的应用

1991年2月,在美国国防部制定的《国防采办管理政策与程序》中,对研制中的效能分析问题做了政策性规定,将效能分析工作纳入管理轨道。另外,在很多军事著作中也运用了不少有关效能评估研究的成果。我国在装备体制论证、规划计划论证等方面,也都开展了大量的效能评估工作。

三、效能评估研究情况

(一)国外研究情况

武器装备专门的作战效能或任务效能分析的研究始于第二次世界大战以后,20世纪60年初期,美国和苏联相继成立了专门的研究机构对武器系统的作战效能进行分析。以下内容以美军为主。

(1)从研究与评估的具体对象看,主要是针对单一武器系统或某一件兵器,如某型号的战斗机、地地战术导弹武器、反坦克导弹、巡航导弹、地空导弹等。在美国 WSEIAC 建立的武器系统效能评估模型和费用-效能分析模型的指导下,已有完善、适用的各类兵器的相应评估模型,且美国军方在国会答辩中常使用各类导弹武器作战效能评估模型和费用-效能分析模型,争取国会对新型武器研制的支持。近些年,美国等发达国家加大了研究武器装备系统及体系作战效能(或能力)的力度,但是由于系统(体系)构成的复杂性以及组成单元间联系的有机性、随机性特点,从公开发表的文献看,效果不是很理想。

(2)从被评估的效能指标层面看,一般采用层次分析法建立效能指标树型模型,而且是评估敌方确定的作战策略情形下我方武器的效能,在效能好坏的评估上,开始引入模糊等级评判。在已查阅的资料中,对效能指标的网络层次模型、对抗环境下的效能评估、效能指标的影响因素或变量本身是模糊量或具有模糊性(如识别过程的模糊性、人的模糊判断因素)等方面的研究很少。

(3)从评估的方法、模型体系看,国外的武器系统效能分析量化方法的理论研究基本上可以归结为两大类:第一类是半经验理论,例如性能对比性、经验公式法、专家评估法;第二类是严格理论,主要包括概率统计法、几何规划法和计算机仿真法。方法多为静态评估方法,对作战过程中随作战态势演变而发生改变的武器装备作战效能,以及对抗情形下的武器装备作战效能很少涉及,有很大的局限性,方法的有效性与适应性都存在问题。

(4) 从评估模型来看,美国工业界武器效能咨询委员会于 1965 年在总结美军自第二次世界大战结束 20 年来武器研制经验的基础上,提出了武器系统效能的定义及其概念模型(ADC 模型)。目前用于武器系统效能研究的模型主要包括 ADC、DEA、HYBAYEB、BALL、MARSHALL、GIORDANO、层次分析模型、作战适宜性综合评定等概念模型,并且已成功应用于武器装备各个研制阶段的分析评估,为美国进行武器研制、采购等决策提供了有力依据。从评估过程的规范性来看,世界各国,包括效能研究走在最前面的美国,至今尚未形成统一的武器系统效能评估的详细规范。美国各军种对自己的武器装备与系统的效能评定都有规范化的做法,但各军种的评估模型与方法各有特色,不尽相同。美国常用的有四类武器系统效能评估模型:

(1) 美国工业界武器系统效能咨询委员会于 1965 年提出的系统效能模型(WSEIAC 模型)。

(2) 美国海军的系统效能模型(AN 模型):
$$E = P \cdot A \cdot V$$

式中:E——系统效能;

P——系统性能指标,即假设在系统的有效度和性能利用率为 100% 的条件下,系统能力的数值指标;

A——系统的有效度指标,即系统做好战斗准备,能圆满完成其规定任务的程度的数值指标;

V——系统的利用率指标,即在执行任务时,系统性能被利用程度的数值指标。

(3) 美国航空无线电研究公司的系统效能模型(ARING 模型):
$$P_{SE} = P_{OR} \cdot P_{MR} \cdot P_{OA}$$

式中:P_{SE}——系统效能;

P_{OR}——当系统开始工作时,系统正常工作或做好战斗准备的概率;

P_{MR}——在执行任务所要求时间内,系统持续正常工作的概率;

P_{OA}——系统在设计要求范围内工作时,顺利完成其规定任务的概率。

(4) 美国陆军用导弹的系统效能模型(AAM 模型):
$$E_{FF} = A_O \cdot P_{DC} \cdot P_{KSS}$$

式中:E_{FF}——系统效能;

A_O——作战的可用性;

P_{DC}——系统发现、鉴别、传送目标信息的概率;

P_{KSS}——单发毁伤概率。

为了合理地设计与运用武器装备,近年来世界上许多强国尤其是美国,努力运用先进的仿真实验手段,在近似实战的模拟环境下对武器装备体系进行研究。通过利用建模与仿真技术和网络技术等,实现人与计算机的有机结合,从而表达一个完整的、多层次的作战环境,在战役和战术等各个层面进行多种兵力参加的解析计算和仿真实验,评估武器装备体系的作战效能,优化装备体系的结构。进入 21 世纪,美军非常重视采用仿真实验技术支撑装备体系研究,大力发展相关建模与仿真技术,加强武器装备体系研究的定量分析手段,努力实现武器装备建设与运用的科学决策。美军已开发和研制了不同层次、不同粒度的武器装备(体系)建模与仿真应用系统,提出了如探索性分析方法等许多评估方法,积累了大量的仿真模型及数据库。

(二)国内研究情况

我国在武器系统效能评估方面的起步虽然较早,但系统地进行作战效能分析研究只是在近些年才开始的,做法一般是消化、吸收国外的研究结果,并进一步完善和发展。

(1)从国内武器装备效能评估研究层次来看,目前分析的重点大多放在分系统的研究上,着眼点基本放在单个或几个模块上,缺乏从大系统和系统工程的角度综合考虑和评价整个系统的效能。

(2)从用于武器装备作战效能评估的模型来看,陆海空等军兵种均开展了深入研究和开发。相对而言,空军武器系统的作战效能分析研究工作起步较晚,但是通过不懈努力,各科研院所在防空武器、航空武器系统计算机模拟、空战分析和仿真方面取得了一定的研究成果。国内武器系统效能模型,多采用 WSEIAC 模型,该模型清晰、易理解,因此在国内得到了广泛应用。

(3)从效能评估的研究内容来看,20 世纪 80 年代以后用作战模拟方法评估武器装备作战效能在国内十分活跃,研究热点集中在单一作战背景下的某一类武器装备作战效能评估,如对空军的歼击机一对一空战、双机空战、多机(四对四)空战进行模拟,对飞机空战效能、对地攻击效能、舰载机作战效能、武装直升机作战效能以及一些作战效能专题(推力矢量战斗机作战效能评估、空对空多目标系统作战效能、电子战作战效能评估、军用飞机生存力评估)等内容开展了大量的研究,而在联合作战背景下对武装直升机作战效能动态的系统研究还没有。

(4)从国内效能评估的方法来看,指数法和概率法是武器装备作战效能评估中最常用的方法,另外,还有最初的专家评估方法、飞机性能对比评估方法及现在的作战效能仿真评估方法。我国在此领域进行了大量的研究工作,开发了一批作战效能评估软件。但是这些成果中存在独立性较强、研究思路过于陈旧、作战过程的动态演变因素被忽略、对抗情形下对系统作战效能的研究缺乏等问题。自 20 世纪 70 年代末以来,我军武器装备效能评估使用的主要方法和技术手段是建模仿真。在仿真技术方面,针对武器装备作战效能仿真的特点,给出跨层次建模方法论,并以此方法论指导仿真系统的构建与实验方法。在仿真系统的构建方法方面,给出基于面向对象 Eider 网的效能仿真建模方法、基于 HLA 的效能仿真建模方法、基于 SMP2 的效能仿真建模方法和基于 Agent 的效能仿真建模方法等。在仿真系统的实验方法方面,给出了相应的仿真实验规划、实验设计、实验框架以及实验分析方法。在评估技术方面,给出了探索性评估方法、因果分析方法与鲁棒评估方法等。在仿真实验系统方面,开发了多种各类军事仿真系统,如国防科技大学开发的 SIM2000 柔性仿真平台与 OASIS 综合评估分析平台。所有这些,对武器装备的发展、研制及使用等方面发挥了重要作用。

从总体来看,我军基于仿真实验的武器装备效能评估研究工作起步较晚,相关的建模仿真技术及其应用研究与世界先进国家存在着较大差距。虽然国内积累了许多模型、数据以及仿真实验系统,但研究的空白区域较多,低层次模型多,高层次模型少,缺乏模型总体框架指导,未形成系统,面向实际应用困难,尤其缺乏有效的武器装备体系与体系对抗的综合仿真评估环境,难以满足武器装备体系对抗研究。

第四节 效能评估的作用和步骤

一、效能评估的层次

(一)基于效能的分析

效能分析就是根据影响系统效能的主要因素,运用一般系统分析的方法,最终给出衡量系统效能的测度与评估。装备效能分析的主要因素包括装备的可靠性、维修性、保障性、测试性。此外,还应考虑系统的结构分析,运用系统工程中的一般系统结构分析方法,针对影响系统效能的各因素所具有的不同特征,分别建立定量分析测度,并在数据分析的基础上,建立不同特性的数学模型,实现系统效能的综合分析与评估,这些就是效能分析研究的主要内容。

(二)基于效能的优化

效能的优化是在效能分析的基础上,对系统效能所涵盖的研究内容做优化分析,给出效能优化的结论。在研究装备系统效能的优化问题时,还存在着系统结构的优化问题,如何在一定的费用约束下获取系统的最佳效能,是效能优化的另一个关键性问题。效能的优化问题的研究涉及的应用面很广,例如通信网的网络结构优化问题、系统的结构可靠性优化问题、系统工程实践方案的优化决策、维修及保障计划的优化设计与实施等。可以说在系统的全寿命周期内,从系统的设计、研制、维修、试验、保障等都存在着最优问题。从优化理论与方法的角度分析,目前,可采用的优化方法除运筹学中的大量优化算法(线性规划、非线性规划、多目标规划、整数规划、动态规划等)之外,还可以采用随机规划、模糊规划、演化规划等理论与方法,这些方法必将进一步推动对效能优化问题的研究。

(三)基于效能的设计

基于效能的设计是指系统在研发过程中,以效能为目标对系统进行开发设计,主要包括系统的可靠性设计、维修性设计、保障性设计及系统的测试性设计等。这些设计应融入系统的工程设计之中,即必须在系统科研设计的过程中考虑最终系统所能体现的效能。在系统科研过程中不能仅注重提高系统的固有能力,还要注意到系统效能度量的多元性,在影响效能的众多主要因素中,如不综合考虑进行科研设计,将无法获得高效能的系统。

复杂的装备往往具有一系列表征各种特性的性能参数,多者可达数十个。这些参数涉及装备的各个方面,共存于装备之中。显然不能以个别参数指标来评价装备系统的优劣,而应根据承担的具体任务寻求能描述其整体效果或价值的参数。这就必须把反映装备性能的各种指标综合在一起，形成一个或几个反映装备完成任务能力的数值，这就是效能。但是由于这些指标的物理属性、量纲各不相同，这就要求把不同的量纲进行统一处理后才能综合。同样，由于各种指标对于装备性能的影响程度不同，完成不同任务时，不同的指标所起的作用也不同。因此，在进行综合之前往往还要确定各指标的重要性（即所谓的"权重"）。这个对装备各种指标共同作用的效果评价、综合和评价中一系列问题的过程，就是对装备效能评估的过程。效能评估就是根据影响装备效能的主要因素，运用一般系统分析的方法，在收集信息的基础上，确定分析目标，建立综合反映装备达到规定目标的能力测度算法，最终给出衡量装备效能的测度与评估。其中，影响装备效能的主要因素有装备的可靠性、维修性、保障性、测试性、安全性、生存性、耐久性，人的因素和固有能力等。

二、效能评估的意义

现代高技术装备性能先进、结构复杂、费用昂贵，其一体化、综合化、信息化的发展趋势，对武器装备全系统建设的各个方面、全寿命管理的各个环节，都提出了更新、更高的要求。开展武器装备效能评估对研究装备的发展和建设、评估装备的综合运用效能、装备体系整体运用效能的评估和优化、装备体系发展和建设的科学决策等都具有重要的意义和作用。军事运筹研究的问题大体上可以分为两种：一种是评估给定备选运筹方案、装备系统或军事组织的效能；另一种是找出能够获得规定（或最大可能）效能或者使效能得到最大改进的运筹方案或条件。解决这两个问题都不能离开效能研究，因而从某种意义上说，效能问题是军事运筹研究的出发点和归宿。由此可以看出效能研究有助于了解、掌握装备系统的能力和不足，明确装备的使用价值，可为装备的发展、决策提供可靠依据，为提高装备的运用能力创造条件。因此，效能评估研究对于全面搞好装备建设和提高总体运用能力具有十分重要的意义。

（一）为科学谋划武器装备发展和论证提供理论依据

为了适应世界军事领域的深刻变革和科学技术突飞猛进的发展趋势，必须科学谋划装备建设及长远发展战略，正确分析和评估装备发展存在的薄弱环节，研究制定装备建设的战略目标和发展方向。效能分析方法是开展装备发展战略研究和装备建设的有效手段，运用多种定量分析方法，评估装备在近似实际条件下的运用及效果，促进各类装备建设进一步协调发展，推动重大装备的发展与关键技术的综合协调，促进新型装备的加速发展。装备体系中诸多要素之间的关系错综复杂，这些关系包括结构与比例、数量与质量、新装备与老装备、主要装备与保障装备等。通过效能分析，可以发现体系的薄弱环节，优化装备体系的结构，检查战略和计划的效果与缺陷，确定装备发展方向和重点，为装备发展战略、规划计划的制定提供依据，为装备体系建设提供决策支持。

（二）为实现装备全寿命管理提供技术支撑

为实现装备全寿命管理，在装备全寿命管理过程中的不同阶段，对相应的决策环节进行论证评估，为管理机构实现宏观层次的科学管理提供咨询建议。利用效能分析方法、技术和环境,可以模拟在未来可能的装备使用环境中,建立各种重大装备效能分析与预测模型,对重大装备项目特别是新型装备立项论证、研制进度、技术风险等进行综合分析和比较,优选装备发展方案,逐步实现基于仿真的装备全寿命管理,为信息化装备发展决策提供可靠的技术支撑,提高管理决策科学化水平。

(三)加强新型装备先期探索研究的重要手段

世界军事领域正在发生深刻变革,高新技术的迅猛发展及其在军事领域的广泛应用,促使新的装备概念和装备运用概念不断涌现。利用效能分析方法,研究未来的装备实际运用效果,已成为世界军事强国实行军事变革的有效途径。应以装备建设实际需求为牵引,以军事系统工程理论为指导,探索新的军事能力和新型装备的技术发展途径,加大概念创新、技术创新、装备创新、管理创新的力度,推动装备体系建设步伐。

三、效能评估的作用

效能评估的作用体现在很多方面,如对作战效能评估可以为作战指挥决策提供理论支撑。系统效能评估在武器装备发展中的作用特别突出,武器装备发展建设的全寿命周期可分为5个阶段:论证及方案阶段、工程研制阶段、生产阶段、使用阶段和退役阶段。效能分析在装备全寿命周期各阶段中的应用主要包括:

(1)在论证及方案阶段,利用效能分析方法可以估算装备效能,确定和评价装备的固有能力、可靠性、维修性、安全性、保障性等因素对装备效能以及全寿命周期费用的影响,进行效能等诸因素(固有能力、可靠性、维修性、安全性、保障性等)的权衡研究,对各备选方案进行评价。

(2)在整个工程研制过程中,采用效能分析方法来评价设计方案,并选择费用效能最佳的设计途径;评价变更设计方案对效能的可能影响,分析效能及其主要影响因素,确定和评价研制单位所能实现的固有能力、可靠性、维修性、保障性等因素对效能及其主要部分的影响,作为提供转入生产阶段的决策依据之一。

(3)在生产阶段,用以监督承制方完成订购方提出的效能要求,评价变更生产方案对效能的影响,分析和确定效能及其主要影响因素。

(4)在装备使用阶段,评价实际使用过程中装备所能达到的效能,评价并改进使用与保障方案,为执行任务选择优化的使用与保障方案,为改进设计、现代化改装、封存决策和新装备的研制提供信息,评价退役时机和延寿方案,为装备更新提出建议。

(5)在退役阶段,评价退役处置方案,全面收集整理装备效能资料以便为今后新装备效能分析提供资料信息。

四、效能评估的基本步骤

(一)武器装备系统效能评估的步骤

武器装备系统效能评估是一个迭代过程,在系统寿命周期的各个阶段都要运用系统效能模型反复进行系统效能分析,在初步设计阶段要预测各个方案的系统效能。在用实验模型进行的初步试验中,得到关于系统性能、可靠性、维修性等的最初实际值。此时,要把这些数值输入系统效能模型中去。根据模型的输出,修改原来得到的预测值,改进初步设计。这样,一直进行到装备投产为止,保证有效地进行系统设计,保证在全面研制、定型生产或装备部队之前,弄清楚需要作出的其他改进。武器装备在装备部队之后将受到使用环境的影响,包括在野外的后勤保障和维修保障工作的影响,会得到大量现场使用数据。此时,还要运行系统效能模型去确定受使用环境影响的系统作战效能,以便揭示需要改进的地方。武器装备效能评估过程如图 2-5 所示。

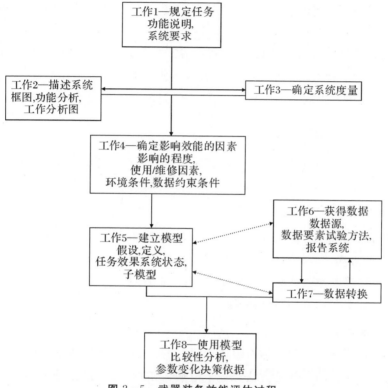

图 2-5　武器装备效能评估过程

系统效能评估通常包括 3 项基本内容:首先是定义系统效能的参数,并选择合理的效能度量指标;其次是根据给定的条件,计算效能指标的值;最后是进行多指标效能的综合评价,即由诸效能参数的指标值求出效能综合评价。归纳起来,系统效能评估流程有以下几个基本步骤:

第一步,明确任务,明确系统效能分析的目标(规定系统的任务剖面)。使用某种系统的唯一原因是系统能为人们完成某项任务服务,所以在分析装备效能时,首要的工作是确定对装备的工作(任务)要求。这就要求明确系统在其任务过程中每一时刻所应处的状态或每一状态所持续的时间及所应提供的功能和所处的环境等任务剖面要素。在按 GJB 1364—1992 进行费用-效能分析时,确定任务剖面的工作可能在确定目标、建立假定和约束条件中完成。在这里,需要做的工作是对其进行认可和修正。

第二步,定义(描述)系统。对系统进行结构分析、功能分析、工作描述、性能理解。

第三步,选择描述系统效能的变量和参数。变量宜少不宜多,应抓住主要因素,既全面又精练概括,而且要求变量物理意义明确,对系统效能敏感。

第四步,研究确定系统效能量度指标。指标构成了边际条件和约束,既应切合系统技术特点,又能够准确体现战术任务要求。

第五步,构造系统效能评估模型。在完成了以上四项工作以后,即可建立效能度量与系统的工作模式、约束等参量之间的关系。

第六步,数据准备。包括系统和对象的先验属性、内在规律性等。为了取得模型用的初始数据,必须从数据库、试验场等场所得到可靠的基础数据。

第七步,设立评估案例,进行效能分析评估实验。建立一个能够利用所有的原始数据、不经任何转换即可计算出效能值的模型非常困难,因此,必须将原始数据转换为模型所能利用的形式。

第八步,对评估结果进行分析和验证,根据发现的问题进行修改和完善。通过输入各个参量的数值,运用模型获得效能的估算值并完成最优化的工作。

工作的第五至第七步是一个反复的过程,需经过反复的迭代,三者往往难以完全独立。

(二)作战效能评估的步骤

作战效能评估一般按照选取指标并构造体系、创建评估方案、选取或创建评估算法、创建并执行评估任务、评估数据采集与处理、评估结果并生成报告六个步骤进行。

1. 选取指标并建立体系

选取候选指标,并确定其属于成本型、效益型、固定型还是偏离型,根据需要对其进行统一化处理,并对候选指标进行相干性分析、主成分分析,通过筛选和变换获得满足要求的指标集合。为指标设定层级并建立指标间的依赖关系,对不宜直接度量的指标进行分解,最终建立起由效能指标和性能指标构成的指标体系。

2. 创建评估方案

评估方案是对同一类型的评估对象进行评估的依据,由指标体系和各个指标的单一评估方案组成。每个指标的单一评估方法是一个由输入指标、输出指标、样本数据、各类评估方法组成的计算流程。

3. 选取或创建评估算法

根据系统特性与评估方案,对各种可以选用的评估算法进行考察,选取系统适用的一种或几种评估算法,也可以根据系统的专业需求,对现有评估算法进行改进以产生先进性算法,或直接生成新的算法。

4. 创建并执行评估任务

根据评估方案创建评估任务(集),并对评估任务(集)进行管理。评估任务是在已建立评估方案的基础上,针对若干明确的评估对象进行的一次具体评估活动。评估对象可以是具体装备,也可以是抽象的作战方案。评估任务使用的数据来自数据预处理模块从各数据源获得的数据。然后按照评估方案自底向上逐层计算,获得指标体系中所有指标关于每一个评估对象的评估结果。

5. 评估数据采集与处理

在评估过程中,需要对评估过程中产生的重要过程数据和评估结束后的结果数据进行采集,这些数据包括仿真数据、试验数据、专家打分数据和监控数据等,然后对这些数据进行预处理,包括分组、过滤、归并、属性压缩变换以及数据统计计算等,最后将这些经过处理的数据分门别类地存入构造好的数据库中。

6. 评估结果并生成报告

在评估任务正确执行后,用户能够通过多种可视化手段,查看评估对象各指标的评估结果,以及总的评估结果,并生成评估报告。评估报告中包含指标体系、评估方案、评估结果等信息,评估报告采用文字、图表等显示各类信息。

第五节 效能评估的方法

效能评估的方法有很多,不同效能评估方法适用于不同的领域。作战效能是一个动态的概念,作战效能评估不仅需要考虑武器装备系统的自身情况,也要考虑战术运用情况和外部战场的对抗环境,需要把兵力、武器装备系统与作战环境、作战想定和战术运用等联系起来,在一系列动态分析的基础上得到作战效能。武装直升机作战效能评估方法是在评估理论指导下进行具体评估采取的途径、步骤、手段等,就是通过一定的数学模型,根据武装直升机体系的构成,将多个评估指标值合成一个整体性的综合评估值,从而得出该体系在一定背景下的作战效能评价结果。可用于合成的数学方法较多,问题在于如何根据评估目的及评估对象的特点来选择合适的方法。

一、评估方法的分类

(一)根据评估的主客观程度分类

根据评估的主客观程度,可以分为主观评估法、客观评估法以及定性和定量相结合的评估方法。

(1)主观评估法主要是指直觉法、专家评定法、德尔菲法、层次分析法等。

(2)客观评估法主要是指加权分析法、理想点法、主成分分析法、因子分析法、乐观和悲观法、回归分析法等。

(3)定性和定量相结合的评估方法主要是指模糊综合评判法、灰色关联分析法、聚类分析法、物元分析法、人工神经网络法、参数效能法、系统效能分析方法、探索性分析方法等。

(二)根据得出评估结果的基本途径分类

根据得出评估结果的基本途径,可以分为解析法、统计法和仿真法3类。

(1)解析法是根据数学解析公式计算作战效能指数的一种定量化计算方法。

(2)统计法是应用概率论和数理统计理论等方法,根据实战、演习、试验获得的大量统计数据评估效能指标,其前提是所获得的统计数据的随机特性可清楚地用模型表示并加以处理。

(3)仿真法是通过仿真试验得到关于作战进程和结果的数据,进而综合分析得出效能指标估计值。

(三)根据评估过程分类

根据评估过程,可以分为静态评估方法和动态评估方法两类。

(1)静态评估方法的基本思想是:武器装备体系的效能是武器装备体系性能和数量的函数,可通过一定的变换,从武器装备的性能得到其体系的静态效能。该方法的优点是输入变量较少,计算简洁,但不能很好地反映出作战过程中各装备间的相互关系。静态效能评估方法常用解析法。

(2)动态评估方法的基本思想是:通过对作战过程中体系内部及外部的相互关系描述,使效能评估更接近实际。该方法的优点是更直观、更真实、更有说服力,但在实现上比较复杂,且难以估计必须的因素简化对评估结果产生多大的影响。动态效能评估方法常用试验统计法和作战模拟法。

(四)根据评估时机分类

根据评估时机,可以分为实验法和预测法两种。

(1)实验法是在规定的作战现场中或精确仿真的作战环境中,观察武器系统的性能特征,收集数据,运用系统效能模型,得到系统效能值。该方法能够给出可靠的数据,但给出数据的时间较迟,不能满足预测要求。

(2)预测法以数学模型为基础,在规定的约束条件下预测系统性能,并把所得结果输入数学模型中,得到系统效能值。该方法不要求以系统的存在为前提,因此给出的数据缺少事实根据。因为在武器系统投入使用之前的很长一段时间,武器研制单位和使用单位就需要去预测和评定它的系统效能,从而决定取舍。但也正因为如此,该方法比实验法更为重要。

(五)根据评估方法的机理分类

根据评估方法的机理,可分为数学模型驱动、作战模拟驱动、经验驱动和数据驱动四种方法。

(1)数学模型驱动的效能评估,主要是以数学模型为基础的效能评估方法,特点是根据作战因素间的相互关系建立描述效能指标、给定条件与作战效能之间的函数关系解析表达式来计算效能值。数学模型驱动方法包括 SEA 法、ADC 法、兰彻斯特方程等。

(2)作战模拟驱动是指按照已知或假设情况和数据对作战过程进行的模拟。广义上说,一切应用模型进行作战实验、寻找军事活动规律的过程都是作战模拟的过程。作战模拟驱动的效能评估方法是指通过模拟真实作战过程,根据仿真数据计算作战效能的一种方法,主要包括计算机作战模拟法、系统动力学方法、蒙特卡洛法等。

(3)经验驱动效能评估,主要特点是以人的主观经验为主要依据,该方法的核心是人的知识和经验,代表性的方法有层次分析法(AHP)、专家评价法、灰色层次评估法等。

(4)数据驱动效能评估方法利用在实兵对抗演习或作战仿真模拟中产生的丰富数据,以统计学习理论为基础,通过对历史数据的学习,建立输入变量和输出变量之间的非线性关系。当输入新的数据时,便可以自动得出效能值,该方法主要包括支持向量、贝叶斯网络、人工神经网络等方法。

(六)其他分类方法

有的把效能评估简单地分为传统方法和新型方法,传统方法包括如专家评价法、AHP法、ADC法、指数法等等,新型方法主要包括神经网络、SVM、贝叶斯网络等方法,这种简单的二分法不能表征评估方法的本质。

二、解析法

解析法是依据对研究领域问题的客观规律性认识或假设,建立数学模型及求解算法以实现问题求解要求的方法。通常根据描述效能指标与给定条件之间的函数关系的解析表达式来计算指标值,解析表达式可根据军事运筹理论建立,也可以利用数学方法建立的效能方程求解。从逻辑推理上,这种方法是模型演绎方法在模型建立的假定条件下有较强客观性,能有效解决类似的一类问题,适用于评估、预报、分析、综合等多种运筹作业类型。难点是建模假定条件不易反映实际情况,不能考虑不可量化因素。同时该方法往往有许多假设条件,而且有许多因素无法建立作战效能的数学表达式。在武器装备作战效能分析领域应用解析法,要解决不确定性因素、多方互动作用、非线性反馈、动态演化等的建模,以及模型数据的获取等问题。常用的数学建模方法有确定性建模、随机性建模、探索性建模、多分辨率建模等方法,具体来说主要有 ADC 法、指数法、层次分析法(AHP)、SEA 法、德尔菲(Delphi)法、模糊综合评判法、灰色评估方法以及人工神经网络方法等。

(一)ADC 法

ADC 法是 20 世纪 60 年代美国工业界武器系统效能咨询委员会为美国空军建立的模型,又称为 WSEIAC 模型,目的是能够定量化描述武器系统的作战效能。ADC 方法综合考虑了武器系统的可用度、可信度以及能力等因素,利用三者乘积作为武器系统效能指标,计算简单快捷。不足之处是仅仅从武器装备本身的性能参数出发研究武器系统的作战效能,对于作战过程中的对抗行为考虑较少。主要特点是把系统效能作为可用度、可信度和固有能力的相关函数,算法考虑了装备结构和技术特性之间的相关性,强调了装备的整体性;方法概念清晰,易于理解与表达,应用范围广,是在国内外得到广泛应用的效能评估方法之一;该评估模型提供了一个评估系统效能的基本框架,可以很容易地对 ADC 模型加以拓展使用,如添加环境、人为因素等影响因子向量。要使用 ADC 模型,必须推断武器装备系统在执行任务中和执行任务之后可能产生的结果及其所处的 3 种基本状态,然后将可用性和可信性与系统的可能状态联系起来,并使用可用性将武器装备系统的可能状态和执行任务产生的可能结果联系起来。按此方法计算出的结果,反映的是武器系统的系统效能。因此,ADC 方法主要适用于武器装备的系统效能评估。

(二)指数法

指数法是根据武器性能、目标特性、战斗平台性能、战场环境和其他因素确定武器及其战斗平台的理论杀伤指数和作战杀伤指数,并建立定量判定模型,评估战斗伤亡和武器装备毁伤效果,预测战斗结果。运用指数法评估武器装备作战效能,其实质是用某个统一"尺度"(能力指标)度量各种武器装备相对于某一参考武器装备而言的单件作战效能,从而得出每件武器装备的"指数"。把各类装备数与相应装备指数用一定方法综合起来,就得出装备总能力的总指数,这种评估是静态作战效能的评估。指数法的关键是求得武器装备的指数。通过文献可以发现,武器装备指数有多种确定方法,主要差别在于指数的内涵因素(即"尺度"的内涵)和指数计算方法的不同。美国历史评估研究机构的杜派(T. N. Dupuy)依据武器射程、发射率、精度、杀伤半径、每次袭击目标数量、可靠性、战场机动能力、易损性和目标分散特性等因素确定武器的作战致命指数(Operational Lethality Index,OLI),并且基于作战致命指数,考虑作战平台上的武器数量、平台机动性、易损性、活动半径、火力控制效应、弹药支援效应等因素,来确定作战平台的致命指数。美国的邓尼根在《如何进行作战》一书中,依据火力、机动能力、防护能力、使用方便性等因素计算陆军装备能力等级(Capability Ratings)。在美国陆军的《演习控制手册》(F-105-5)中,则用火力、生存力和机动力三者求得武器能力指数(Weapon Power Score,WPS)。虽然单个武器装备(平台)的能力评估不是武器装备体系研究的问题,但为讨论清楚武器装备作战效能评估,还是需要从武器装备(平台)性能层次开始分析。指数法目前被广泛应用于武器装备和部队作战效能的分析评估,具有形象直观、快速方便、可以从相对值和绝对值上全面说明描述对象的内涵、能够和人的主观经验判断相结合等优点。主要缺点是描述问题过于简单,指数的计算依赖于历史经验数据,对于新的系统来说,其指数没法直接确定,只能参考同类型的现有武器装备的指数值进行估计;数学模型的准确性取决于分析人员的分析、归纳能力,对于不确定性因素分析准确度不高,等等。

(三)层次分析法

层次分析法(The Analytic Hierarchy Process,AHP)是美国运筹学家、匹兹堡大学的A. L. Saaty教授于20世纪70年代提出的一种多目标、多准则的评价决策方法。核心思想是将复杂的问题分解为各个组成因素,并将这些因素按照支配关系进行分组,从而形成一个有序的递进层次结构,通过两两比较的方式确定层次中诸因素的相对重要性,然后综合人的主观经验,来判断决策诸因素相对重要性的总顺序,体现了人们在决策思维中的分析、判断和综合等特征。该方法现已被广泛应用于多个领域,是一种定量分析与定性分析相结合的有效方法。

AHP方法的优点在于系统、灵活、简洁,将人的主观意愿定量化,将效能评估这一复杂问题自上而下逐步拆解,建立层次结构的指标体系,简化了效能评估模型,易于理解。但是AHP法要求指标之间相互独立,而在实践中,作战效能指标之间存在着复杂的非线性关系,且由于不同的人对指标之间的重要程度会有不同的评判,往往会得出不同的判断矩阵,因此权重的确定受主观因素影响大,主观因素直接影响最终的评估结果。

(四) SEA 法

SEA 是 System Effectiveness Analysis 的简称。在 20 世纪 70 年代末 80 年代初,美国麻省理工学院信息与决策系统实验室(简称 MI-TLIDS)的 A. H. Levis 教授领导的研究小组,开展了关于系统效能的专题研究。他们认为,系统效能应是包含技术、经济和人的行为等因素在内的"混合"概念。对于一个被评估的人工系统而言,系统效能还应反映系统用户的需求,并且能体现系统技术、系统环境和用户需求的变化。因此,系统效能分析的方法应该充分考虑"大范围"因素的影响,并且适应于其中任何一个因素的变化要求。从此意义上说,系统效能分析方法应具有足够的"柔性"。按照该思想,A. H. Levis 等人提出一种把系统所拥有的技术组成、结构及其行为所表现出的系统完成规定任务的能力和系统用户对系统上述能力的要求两方面的问题紧密结合在一起的系统效能分析框架,就成了 SEA 法。SEA 法的基本原理是当系统在一定环境下运行时,系统运行状态可以由一组系统原始参数值描述。对于一个实际系统,受系统运行不确定因素的影响,系统运行状态可能有多个,甚至无数个,在这些状态组成的集合中,如果某一状态所呈现的系统完成预定任务的情况满足任务要求,就可以说系统在这一状态下能完成预定任务。由于系统在运行时落入何种状态是随机的,因此,在系统运行状态集合中,系统落入可完成预定任务的状态的"概率"反映了系统完成预定任务的可能性,即系统效能。

采用 SEA 方法进行实际系统的效能分析首先集中于民用系统,如对美国能源系统的效能分析(1977—1981 年)、对动力系统的效能分析(1984 年)、对自动化生产线系统的效能分析(1985 年)等。1985 年前后,L. H. Levis 等人开始接触一些军事领域的问题,并把 SEA 方法应用于军事 C^3I 系统的效能评估(1984—1986 年),以及陆战炮兵部队(系统)的效能评估(1986 年)等。在西欧还可见到 SEA 法的其他军事应用,如水面舰艇反潜作战系统的效能分析(1992 年)等。国内开展对 SEA 法的研究始于 1990 年前后,并且大多是从研究 C^3I 系统效能分析的角度去认识 SEA 法的,这时期国内开展对 C^3I 系统效能分析的研究所遇到的一些难题,比如如何建立有 C^3I 系统参与的交战模型及 C^3I 系统作战效能分析,如何评价 C^3I 系统完成一定作战任务的质量,如何在 C^3I 系统效能分析中反映系统需求,并避免在分析过程中必须靠人为主观想象确定而容易引起争议的因素,如"权重"因素等,促使一些系统分析研究人员寻求新的系统效能分析方法,并从 L. H. Levis 等人的文献中获得很大启发。在国内把 SEA 法用于实际大型系统效能分析的是海军在 1990—1993 年间完成的关于海军××自动化指挥系统效能评估的课题研究中,对 SEA 法的概念、方法论及其系统理论基础有了比较全面的阐述,并在 SEA 法的形式化描述、C^3I 系统建模、SEA 法的效能指标计算等方面取得了进展。SEA 方法的上述应用,表明 SEA 法无论是对民用系统还是军用系统,无论是对大规模系统(如全国能源系统、区域性 C^3I 系统)还是小规模系统(如一台汽车发动机、一个炮兵营),都具有广泛的适用性,这成为 SEA 方法的一个重要特征。

(五) 模糊综合评判法

模糊综合评判法较好地解决了判断的模糊性和不确定性问题,不仅可对评估对象按综合分值的大小进行评价和排序,还可根据模糊评价集上的值按最大隶属度原则评定对象所属的等级;不足之处是大量应用了人的主观判断,不能解决评价指标间相关性造成的评价信息重复问题,隶属函数的确定还没有系统的方法,而且合成的算法也有待于进一步探讨,评价结果的可靠性和准确性依赖于合理选取因素、因素的权重分配和综合评价的算子等。

(六)灰色评估方法

灰色评估方法是一种定性分析和定量分析相结合的综合评价方法,可以较好地解决评价指标难以准确量化和统计的问题,可以排除人为因素带来的影响,使评估结果更加客观、准确。缺点是要求样本数据具有时间序列特性,而且也只是对评估对象的作战效能优劣做出鉴别,并不反映绝对水平。

灰色系统理论是由我国学者邓聚龙教授于1982年提出并创立的,该理论以"部分信息已知、部分信息未知"的小样本、"贫信息"、不确定性系统为研究对象,通过对部分已知信息的生成和开发,提取有价值信息,实现对系统运行规律的正确描述和有效控制。灰色系统理论的特点是充分利用已占有的"最少信息"。在实际工程应用中,很多系统的已知信息有限,基于完全信息的常规评估方法无效,灰色评估法为评估这类系统提供了一种有效方法。

(七)人工神经网络法

人工神经网络是一种类似于人类的神经系统的信息处理技术,为功能十分强大、应用十分广泛的机器学习算法,被广泛应用于分类、聚类、拟合、预测等。首先要构建效能评估指标体系,将指标数据作为输入、效能评估结果作为输出,通过大量的历史数据对神经网络进行训练,构建输入和输出的非线性关系,当输入一组新的指标数据时,可以自动对效能结果进行预测,从而达到效能评估的作用。在研究方法上,单一的神经网络方法已经无法满足大数据时代的要求,有学者将神经网络和其他数据分析的方法如粗糙集、遗传算法等结合起来,提高了神经网络的训练效率。

神经网络具有自适应能力,能为武器装备作战效能评估这种多指标综合评价问题给出一个客观结果,这对于弱化权重确定中的人为因素十分有益。缺点是需要大量的训练样本,精度也不高,致使其应用范围有限。评价模型的隐含性是其应用障碍之一,最终无法得出一个"显式"的评估模型。

三、仿真法

仿真法也称作战模拟法,是指按照已知或假定情况和数据对作战过程进行的模仿仿真。实质是以计算机模拟模型来进行仿真实验,由实验得到的关于装备运用进程和结果的数据,可以直接或经过统计处理后给出效能指标评估值。广义上说,一切应用模型进行作战实验、寻找军事活动规律的过程都是作战模拟的过程。模拟法考虑了实际作业条件下,以具体作业环境和一定力量编成为背景来评价,能够实施运用过程的演示,比较形象,但需要大量可靠的基础数据和原始资料作依托。要得到完整资料有赖于有计划、长期、大量数据的收集,模拟时对运用环境模拟比较困难,如干扰环境的不确定性等直接影响结果。总之,模拟对于装备系统运用效能评估具有不可替代的重要作用,具有省时、省费用等优点,在一定程度反映了运用条件和参与对象,考虑了装备的协同作用,装备系统的运用效能诸属性在全过程的体现以及在不同规模运用效能的差别,特别适合于进行装备系统或运用方案的效能指标的预测评估。

美国最早利用仿真方法进行装备体系的效能评估。在利用解析法成功评估单个装备效能后,他们发现面对因素众多、关系交错复杂的装备体系时,解析法变得无法适应。利用仿真方法建立各型装备数学模型,用数学方法模拟各种大小战役全过程,以此作为假想实验手段,把各种作战方案、作战环境和装备放在一起进行假想作战,然后利用数理统计方法对大量的实验结果进行统计,发现战果与装备之间的数量关系;再调整实验条件,反复进行实验统计,直到发现代价小、军事效益高的装备结构。国内基于仿真的效能评估方法也取得了很多研究成果,如方玉峰等人利用蒙特卡洛法对某激光制导炸弹的作战效能进行仿真评估,杨峰等人从系统与体系两个评估层次的有机联系出发提出了一种基于仿真的探索性评估方法,给出了基于仿真的探索性评估过程模型。

作战模拟法可以全面地描述武器装备之间复杂的交互、协同作用,能考虑武器装备作战效能的诸属性在作战全过程的体现以及在不同规模作战效能的差别,特别适合于进行武器装备作战效能的预测评估;缺点是由于作战效能及其影响因素之间存在广泛的信息交换关系及不确定性,因此仿真模型的构建十分复杂,需要大量可靠的基础数据和原始资料作依托,难以校验仿真可信度。如基于 Agent 的评估方法是一种最有生命力的系统评估方法,但是该方法除了在很大程度上取决于所使用的建模与仿真方法的能力以外,如何将仿真应用研究的结果转化为评估结果,也是个需要解决的问题。

(一)作战模拟法

基于仿真的作战效能分析方法就是根据作战想定,在近似于逼真的战场环境中,运用表征交战双方真实状态的数学模型进行作战仿真实验,然后对仿真实验的数据进行分析研究,得到作战效能分析结果。由于很多武器装备和作战样式无法通过演习或者实战获得经验数据,我们只能通过计算机作战仿真实验的方法为作战效能的分析提供数据源。基于仿真的作战效能分析方法的特点在于:首先,能够对影响实际作战过程的诸因素进行较全面的综合考虑;其次,比较实兵演习和作战仿真实验,可以看出作战仿真实验成本低,对于一套作战方案可以进行多次作战实验,而实兵演习无法实现。基于仿真的分析方法适用于分析评估联合作战样式下部队和武器系统的作战效能。

运用建模与仿真技术,在较逼真的战场环境和所确定的作战样式下,构造体系对抗的作战实验环境,开展武器装备体系的仿真实验,利用对仿真结果数据的综合处理评价武器装备体系表现出的作战效能。未来武器装备体系的作战效能,不但取决于它自身的结构和装备性能,还取决于它的作战环境。因此,需要利用模拟战场环境,依靠作战模拟对新武器装备体系的实际作战效能做出评估。基于体系对抗仿真进行体系能力评估,实际上就是利用模拟系统作为数据来源,通过采集仿真结果数据,并对其进行统计分析和评估运算,得出体系能力指标值的过程。从这一点来说,仿真是进行评估的基础,评估是对仿真系统的一种具体应用。

利用仿真来研究武装直升机系统的行为特征,并在相似性、等效外推、随机模拟等原理的指导下,利用随机变量方法设计多种类、多层次、典型的仿真预案,最后通过对仿真结果的分析获得系统效能。基于仿真的作战效能评估方法包括战技指标仿真法、预案仿真法和多想定仿真法。从结果处理的方法上,则包括极大似然估计法、数据拟合法、假设检验法、贝叶斯统计法以及不确定性推理法等。建立在仿真基础上的体系能力评估是目前最为有效的评估方法之一。其缺点是仿真模型的构建十分复杂,难以校验仿真可信度。

(二)系统动力学法

系统动力学方法(System Dynamics,SD),是一种研究信息反馈系统动态行为的计算机仿真方法,自1956年美国麻省理工学院的Forrester教授创立以来,已经成功应用于企业、城市或国家许多战略决策分析中,被誉为"战略与决策实验室"。该方法在建模时借助于"流图",其中"积累""流量"和其他辅助变量都具有明显的物理意义。该方法易于理解,是一种与实际相似度较高的建模方法,用于作战效能评估时,比较适合于复杂动态大系统的分析,如对抗环境下的武器系统效能评估。因涉及因素多,考虑面广,所以系统动力学方法建模过程比较复杂,且系统动力学方程式的建立准确与否,直接影响最终评估结果的准确性。

(三)蒙特卡洛法

蒙特卡洛法又称统计试验法,是描述装备运用过程中各种随机现象的基本方法,它特别适用于一些解析法难以求解甚至不可能求解的问题,因而在装备效能评估中具有重要地位。用蒙特卡洛法来描述装备运用过程是1950年美国人约翰逊首先提出的,这种方法能充分体现随机因素对装备运用过程的影响和作用,更确切地反映运用活动的动态过程。在装备效能评估中,常用蒙特卡洛法来确定含有随机因素的效率指标,如发现概率、命中概率、平均毁伤目标数等;模拟随机服务系统中的随机现象并计算其数字特征;对一些复杂的装备运用行动,通过合理的分解,将其简化成一系列前后相连的事件,再对每一事件用随机抽样方法进行模拟,最后达到模拟装备活动或运用过程的目的。

蒙特卡洛法的基本思想是为了求解问题,首先建立一个概率模型或随机过程,使它的参数或数字特征等于问题的解;然后通过对模型或过程的观察或抽样试验来计算这些参数或数字特征;最后给出所求解的近似值。解的精确度用估计值的标准误差来表示。蒙特卡洛法的主要理论基础是概率统计理论,主要手段是随机抽样、统计试验。解决实际问题的基本步骤为:根据实际问题的特点,构造简单而又便于实现的概率统计模型,使所求的解恰好是所求问题的概率分布或数学期望,给出模型中各种不同分布随机变量的抽样方法,统计处理模拟结果,给出问题解的统计评估值和精度估计值。

四、实践法

实践法是根据战史考证、作战演习等实践手段,通过数据统计和建模所进行的作战效能评估方法。

(一)统计方法

统计方法是应用概率论和数理统计理论等方法,通过对试验获得的大量资料进行统计和分析,解决具有随机因素影响的系统效能分析的一种方法,常用的有抽样调查、参数估计、假设检验、回归分析和相关分析等。统计方法有别于蒙特卡洛方法,其应用前提是对研究对象尽可能建立确定型数学模型,对统计数据的随机特性可以清楚地用确定型数学模型表示并加以利用。

统计方法不仅能得到效能指标的评估值,还能显示武器系统性能、作战规则等影响因素对效能指标的影响,从而为改进武器系统性能和认识作战规律提供定量分析基础,其结果比较准确。但是统计方法需要有大量的武器装备作为试验的物质基础,通常在武器装备研制前的论证阶段无法实施,因此一般不应用于装备论证初期。同时其耗费太大,需要时间长。

(二)探索性分析方法

探索性分析(Exploratory Analysis,EA)方法是美国 RAND 公司 20 世纪 90 年代在联合一体化应急模型(Joint Integrated Contingency Model,JICM)和战略评估系统(Rand Strategy Assessment System,RSAS)的开发中逐步总结、提炼出来的一种方法,主要针对高层次的国防规划与武器装备论证问题研究,它与"情景空间分析"和"探索性建模"关系密切。RAND 公司《恐怖的海峡》和《信息时代海军作战效能评估:网络中心战对作战效果的影响》等研究报告就采用了探索性分析方法,引起了广泛关注。

探索性分析方法的基本思路是考察大量不确定性条件下各种方案的不同后果,以追求方案的灵活性、适应性与稳健性。为实现对多维不确定性空间的有效探索,一般采用必要的实验设计技术来减少对空间的采样点。探索性分析方法允许在深入细节之前,先获得宏观、总体的认识,从而可以很好地辅助方案的开发和选择。此外,它可以探讨在什么样的条件或假设下,一种给定的能力(例如改进的武器系统或指控系统)才是充分的和有效的,从而服务于"基于能力的规划",这一点对需求论证是极其重要的。探索性分析方法的不足是要求建模人员对问题要有深入的理解,建模要具有高度的艺术性;运行次数随变量数的增长而急剧增长,要求计算资源巨大。所以,探索性分析方法主要解决宏观范围内的作战效能评估问题。

根据不确定性因素的特点及处理方式,探索性分析方法可以分为参数探索、概率探索和混合探索三种方法。参数探索将输入参数表示为离散化变量,并对各变量的各种取值进行组合,然后通过足够次数的模型运行,对模型输出结果进行综合分析,并对变量进行敏感性分析。概率探索将输入参数表示为具有特定分布规律的随机变量,主要运用蒙特卡洛方法实现结果的统计计算,然后分析各种输入参数的不确定性对结果的影响。混合探索是将参数探索和概率探索相结合的一种方法,也是最为常用的一种探索性分析方法。

(三)数据驱动法

上述评估方法是传统的效能评估方法,在处理海量信息上能力稍显不足,无法适应大数据时代的要求,以人工智能为核心的数据驱动方法正向传统效能评估方法发起挑战。数据驱动效能评估方法利用在实兵对抗演习或作战仿真模拟中产生的丰富数据,以统计学习理论为基础,通过对历史数据的学习,建立输入变量和输出变量之间的非线性关系。当输入新的数据时,便可以自动得出效能值。该方法主要包括支持向量机、贝叶斯网络、人工神经网络等方法。

支持向量机(Support Vector Machine,SVM)是以统计学习理论和结构风险最小原理为基础而建立的一种有效的学习方法。SVM 通过引入核函数,求解一个二次凸规划问题,将低维空间内非线性的复杂问题转化为高维空间内的线性问题,并在高维空间内得到最优分类面,从而在全局范围内得到唯一最优解。SVM 具有完备的统计学习理论基础和出色的学习性能,已成为机器学习界的研究热点,在小样本模型的处理、分类识别、函数估计、回归分析、结果预测等方面受到了广泛的欢迎。近年来,SVM 在作战效能的研究呈上升趋势,在武器装备效能评估和作战行动效能评估方面均具有良好的表现。

贝叶斯网络是 Pearl 于 1986 年提出的一种基于不确定知识表达和推理方法。朴素贝叶斯分类器(Naive Bayesian classifier,NB)采用了最简单的贝叶斯网络结构,在处理战场不确定因素及综合考虑人和武器系统的定性、定量指标方面均有较好的建模能力,适合作战行动效能的评估。目前的研究主要集中于对武器装备作战效能评估、编队对地攻击效能评估等,但是研究的模型对作战环境进行了简化,是处于理想状态下的作战效能评估,和真实的作战系统相比,模型存在着较大的偏差,不可避免地会降低模型的实用性和说服力。因此,贝叶斯网络的改进和细化研究是接下来研究工作的重点。

上述这些方法重点关注采用何种作战效能评估方法取得效能值,很多时候评价结果落在同一个评价等级上,难以区分个体效能差异,特别是突出评估活动的单向性,不能反映诸多不确定因素的动态变化特征,非线性特征不足,普遍缺乏对评估结论的可靠性或不确定性探讨。另外,这些方法还需要结合试验或演习、仿真的结果来确定模型中的参数和检验模型。实践法受到各种条件限制,数据采集也十分困难和烦琐。此外,经处理的效能评估结果,仅仅是单个或少量样本的处理结果,因而除了用来验证某些非常重要的评估结果之外,其使用是比较局限的。

五、评估方法比较

武器装备作战效能评估立足于装备的实际作战使用,充分考虑战场上各种不确定因素和战场上复杂多变的环境的影响。而对于武器装备作战效能评估,按照武器装备在评估过程中的使用情况,评估的方法可以归纳为两大类:一是对武器装备实际使用情况进行评估,主要有实战评估、武器装备试验评估和实兵演习评估 3 种,有的称为在动态情况下的评估;二是不实际使用武器装备的评估,利用数学方法,采用仿真与建模来评估武器装备的作战效能,主要有统计法、解析法和作战仿真(模拟)法,或综合采用这 3 种方法加以实施。

解析法是以作战的解析数学模型,以及计算机运算和显示手段,所进行的确定型作战效能评估方法,其所得到的结果是确定型的。在人们尝试实施作战效能评估的早期,由于数学理论和方法不够成熟,以及计算机技术不像现在这样发达先进,故在使用上受到极大限制。同时,公式透明度好、易于理解、计算简单,可以进行变量间关系的分析,但是该方法考虑因素少,应用条件严格,比较适用于不考虑对抗条件下的武器装备系统的效能评估和简化情况下的宏观对抗效能评估。仿真法是以作战的模拟和仿真数学模型,以及计算机运算和显示手段,所进行的非确定型作战效能评估方法,但其具有相对较低的开发和运行成本,故几乎可以不限次数运行,得到足够的样本,是现代作战效能评估最常使用的方法之一。仿真法可以对整个复杂作战系统的各个组成部分进行综合,利用计算机强大的数据处理能力对作战方案进行仿真,继而得到大量数据,对这些数据进行计算便可得到最终效能值。该方法存在的最大不足是需要大量详细数据来建立仿真模型,才能把模型中各个部分的关系表示清楚,仿真系统非常巨大、复杂,需要耗费大量的时间和精力,造成评估成本高。因武器装备的数据比较多,且逻辑关系易于分析,所以作战模拟仿真法比较适合武器装备作战效能评估,在数据比较丰富的情况下,也可以对作战行动效能进行评估。实践法是通过数据统计和建模进行的作战效能评估。

非确定型和确定型仅是指效能评估方法,但无论何种方法,其所评估的对象的属性都是非确定性质的。而从目前情况来看,非确定性数学、计算数学和计算机技术已发展至相当高的水平,对于大部分常见的变量或参数的非确定性分布规律已有了较深入的认知。所以,除非在作战态势非常复杂、系统十分庞大、解析模型结构烦冗等场合必须使用统计实验的仿真模型之外,在可能条件下,应首先采用解析法进行作战效能评估。使用解析法的另一优点是有利于对评估对象的物理和事理过程,以及诸参数变化对该过程及其结果的影响,获得更加深入的理解和认识。但是,无论使用哪一种方法,其模型中所需的各种系数、指数及诸多参数,大都需要由经验统计或实验结果获取。因此,作战效能评估模型都可以说是综合采用上述各种方法构建的模型,只不过各种方法主次位置和比重有一定差别。此外,还必须指出,模型都会对其所描述的对象采取各种合理的假设,以便纯化和简化所评估对象的过程和状态,实际使用中很难真实化。特别是作战效能评估是一个动态性强、复杂程度高的工作,难以通过构建数学、建立数学公式将其有效地描述出来,所以必须系统考虑综合使用各种方法进行效能评估。

第三章　直升机作战效能评估的任务和方法

现代战争中各类高技术侦察手段和先进技术的综合应用,形成了"陆、海、空、天、电"等多维空间战场环境,对武装直升机在作战中如何有效地保存自己、有力地打击敌方目标提出了更高的要求。开展武装直升机作战效能评估是对武装直升机作战效能的考察、评价和估量,是促进直升机在信息化战场上迅速形成战斗力的重要保证,是提高直升机作战效能质量的重要手段和措施,也能有效衡量直升机作战效能水平,找出差距,进而提升作战能力,并为指挥员迅速准确掌握情况、做出正确决策提供帮助和依据。

第一节　直升机作战效能评估的内涵

直升机作战效能评估是一项复杂的活动,是对直升机武器效能有关要素综合作用的过程,这些要素参与作战的整个过程,只有把与直升机武器效能相关的所有要素综合在一起,才能形成能够反映直升机作战效能发挥程度的数量值,对这些数量值的综合评判就是对直升机作战效能的评估。由于各个要素在数据采集过程中,相关属性、量纲不同,这就需要把不同的量纲进行规划统一;不同要素对直升机武器效能影响程度的大小也不一样,在进行综合处理前还需要确定每个要素指标的重要程度,即指标"权重"。因此,对直升机武器效能各个要素指标进行量纲统一、确定各个指标"权重"以及对指标进行数据处理和评价的过程,就是对直升机作战效能评估的过程。

一、直升机作战效能的含义

在军用直升机行列中,武装直升机是一种名副其实的攻击性武器装备,是一种超低空火力平台,是强大的火力与特殊机动能力的结合,能有效地对地面目标和超低空目标实施精确打击。武装直升机作为一种武器装备,其效能由固有效能和运行效能两部分组成。直升机固有效能是指直升机固有的能力,以直升机的设计参数为指标,是直升机在出厂列装时就具有的,如最大航程、飞行速度、装备武器的口径等。直升机固有效能是客观的,与使用环境和使用方法无关,一般无须测量。同时,直升机固有效能是变化的,它是时间的变量,由于使用中的磨损、老化、消耗等原因,通常情况下随着时间的推移,固有效能呈现下降趋势;直升机运行效能是指直升机在运行中体现出来的能力,与直升机的运行方式、运行环境等有关,如驾驶员的操作、导弹的命中率等。直升机的运行效能通常可以用特定的设备测量得到,具有比较高的客观性。

参考武器装备作战效能的概念,武装直升机作战效能可定义为:武装直升机在预定或规定的作战使用环境下,考虑其组织、战术、生存能力和威慑条件,使用该系统完成规定任务的能力。作战效能作为衡量武装直升机作战系统在规定作战条件下和作战模式下完成规定作战任务能力的量度,由于它能够全面反映武装直升机在规定作战条件下的整体技术水平和综合作战能力,因而已成为世界各军事强国对武装直升机进行综合评价的有效手段,以及武装直升机发展和应用中的重要决策依据。武装直升机作战效能是武装直升机作战能力、可用度、可靠度及保障度的综合反映。

(1)武装直升机作战能力:是在执行攻击任务期间可用度、可靠度及保障度给定的情况下,考虑敌火力对抗威胁与生存等战场因素,由武装直升机战术技术性能指标所决定的完成任务的能力。

(2)武装直升机可用度:是在某一随机时刻要求执行攻击任务时,武装直升机可投入正常使用的能力的量度。

(3)武装直升机可靠度:是能可靠地飞行和完成作战使命,全机及其各部分能可靠地工作的量度。

(4)武装直升机保障度:是持续使用能力的量度。

"在规定的作战条件下实施作战指令"中的"规定"主要是指规定武装直升机的型号及其相关的战术技术性能,规定战场环境条件,规定打击目标的类别、型号、主要战术技术性能及其火力对抗武器的战术技术性能,规定武装直升机攻击的基本战术行动规则,规定武装直升机执行攻击任务时所经历的时序。在实际作战过程中,上述这些作战条件都是复杂随机的,在研究建立武装直升机作战效能评估数学模型时,需要对上述作战条件做出合理、具体的战术想定和约束规定;对武装直升机进行作战效能分析评定时,应该在规定好的作战条件下进行;对不同的武装直升机论证、设计方案进行分析评定和优选方案时,应该在相同的规定作战条件下进行。

二、直升机作战效能评估的含义

武装直升机效能评估主要是针对武装直升机作战运用需求,以武装直升机系统效能和作战效能为对象,将效能评估分析的理论方法有机集成到作战效能评估业务流程中,通过构建作战效能评估指标体系及相应的作战效能评估模型,再通过对指标要素定量和定性分析,来考核和评价直升机武器在作战中的效能,最终形成武装直升机作战效能评估结果分析与报告的过程。直升机作战效能评估是为其作战指挥提供辅助决策的依据,可以说,直升机武器作战效能决策的形成,必须通过评估这条渠道,才能具备科学性。能力评估结果经过决策的再认识,才具备实践意义。

三、直升机作战效能评估研究进展

第二次世界大战结束以来,随着科学技术的飞速发展,武器装备的战术技术性能越来越高,结构越来越复杂,技术难度也在不断提高。一方面,武器装备的可靠性、维修性和保障性突出地成为武器装备完成作战任务能力的重要因素,成为武器装备开发研究中受到关注的重点问题;另一方面,研制新武器装备所需投资大幅度增加,其获取费用和使用、维修保障费用也以惊人的速度同步增长。面临如此严峻的形势,为了研究、解决武器装备的优劣评价、投入资源评价及优化决策等问题,美、英等国在武器装备可靠性、维修性理论研究与工程实践取得成功的基础上,从20世纪60年代开始,又先后提出和开展了"系统效能分析""寿命周期费用分析"及"效费比分析"的研究。专门的作战效能或任务效能分析研究也始于此时。

对于军用飞机的作战效能分析研究,国外大型军用飞机工业公司与军方,从不同的要求和目的出发,都无一例外地研究空战模拟,包括从歼击机一对一空战、多机空战到体系对抗。美国通用动力公司的ATAC空战模拟程序计算结果表明,模拟结果与飞行试验所得的主要参数没有多大差别;欧洲四国(德、英、意、西班牙)共同研制的新型战斗机EFA,在评估其作战效能时,引进了近距空战和超视距空战模拟以及由飞行员参与的双球空战模拟器进行验证;俄罗斯国家航空委员会对军用飞机的验证实验方案评估,也广泛采用了单机空战、多机空战、大规模空战仿真模型及用于方案优选的自动化设计系统。

我国军方和航空工业部门的许多单位都曾经和正在进行航空武器系统作战效能评估,军地大专院校也有不少学者进行这方面的研究。20世纪80年代后期和90年代初期,用作战模拟方法评估航空武器装备作战效能在国内十分活跃,研究热点集中在歼击机一对一空战、双机空战、多机空战模拟。国内航空工业界的601、611、620等研究所成立了专门的作战效能研究机构,他们引进计算程序或与国外有关专家合作,进行军用直升机的作战效能评估,空军指挥学院、西北工业大学和北京航空航天大学等也做了许多作战效能研究工作。

武装直升机在现代战场上使用更加广泛,地位作用更加突出,并将成为作战取胜的关键要素。作为一种重要空中火力打击装备,武装直升机作战效能研究受到广泛重视,也出现了一些比较成熟的成果。邹朝霞等根据某型武装直升机机载火箭武器的四种对地攻击方式,建立了该型武装直升机实战中将遭遇的作战条件的战场模型,并采用层次分析法,建立了确定各作战条件模块加权系数的判断矩阵,计算了加权系数。同时结合各种对地攻击方式和该型直升机火箭武器系统的特点,确定了各攻击方式下各模块的效能系数。在加权系数和效能系数的基础上,计算了各作战条件下四种对地攻击方式各自的作战效能;张安等确定了武装直升机火控系统反坦克效能度量的指标,并建立了相应的效能评估模型,利用仿真方法分析了各种因素对武装直升机反坦克作战效能的影响,为武装直升机反坦克群火控系统设计提供了定量评价手段。

第二节 直升机作战效能评估的目的和要求

军事既是一种科学,更是一种艺术。军事艺术是一种非常灵活的、"运用之妙,存乎一心"的谋略学及决策方法学。而人们对军事艺术的掌握,较之对军事科学的掌握更为不易。同时,也还因为战争中的不确定性,战争中的决策变得十分困难和棘手。大到一场战争的胜负至战场上的伤亡比例,小到一种武器的突防率、命中率、毁伤率等,都是人们很想预知和得知的,但实际上又往往不知道或不能确切知道结果或定量结果。于是,就出现了对作战前景评估和对战争后果与结局评定的需要。固然在历代战争史中,出现过许多英明的将领和统帅,他们知彼知己,睿智果断,善于捕捉战机,勇于大胆决策,因而百战不殆。他们是驾驭战争的优秀的军事艺术大师,是为数不多的军事天才。对于多数普通人来说,下功夫进行一些科学的预测和决策研判,认真进行一些科学的集约和整合的运作,就有可能弥补自身军事天才之不足,弥补决策中军事艺术之不足。效能评估作为辅助决策的科学手段,完全有可能帮助人们去争取战争胜利或得到理想的结局。与此同时,作战效能评估促进了军事变革的发展,而军事变革又对作战效能评估提出了更高的要求。所以说,二者的关系是相辅相成和密不可分的,也就确立和奠定了现代作战效能评估的重要地位。

一、直升机作战效能评估的目的和意义

就我军而言,非常重视直升机作战效能评估研究工作,更重视对相关成果的运用。直升机作战效能评估研究能为科学量化和评判直升机作战效能提供理论支持,为直升机武器效能和作战训练提供量化数据和依据,为直升机作战模拟训练和基于仿真实验的武器发展论证、作战方案评估、作战仿真实验、作战效能分析、装备编配优化等方面的作战运用研究及提升作战指挥效益提供全面的支持。同时,建立直升机作战效能评估方法及作战效能的评估指标体系,可为武装直升机武器系统全寿命周期内各阶段的重大决策提供技术支持,对提高武装直升机规划研制和作战运用的科学性、装备配套建设、深化武装直升机作战理论研究及全面开展各项基础研究等方面工作都具有十分重要的意义。

(一)能够支撑武装直升机建设与发展

信息化、数字化建设是我军当前面临的一项重要任务,陆航装备的建设与发展必须符合全军信息化建设需要。通过对直升机装备作战效能进行评估研究,能够支撑在规定的条件下,运用装备或系统的作战兵力执行作战任务所能达到的预期目标程度,包括单项效能、系统效能和作战效能,为陆航装备建设发展及相关使命任务研究提供依据,为新型武装直升机编制体制确定与优化提供依据,为作战中准确运用和充分发挥武装直升机作战效能提供依据。

(二)能够指导陆航装备编配及体系建设

直升机作战效能评估从数据出发,合理分析、科学论证,从而实现对我军陆航装备的装备体制、编制体制、管理体制和指挥体制建设提供科学指导,以使我军陆航装备的编配和体系建设由粗放型向精确型转变。通过评估作战效能,能够根据装备技术性能,确定武装直升机适合装备到哪一级陆航部(分)队、装备规模、主战装备编配数量,以及保障装备编配数量等,使装备的编配达到战术配套、技术配套,形成体制与体系,充分发挥装备体系效能;能够根据装备的技战术性能,在一定作战构想、战场态势下,根据任务使命特征,结合战斗样式、战场环境、武器装备的战术技术性能、配备的弹药种类等进行作战任务分析,从而指导指挥者灵活运用该型武装直升机,避免浪费战斗资源,从战斗任务区分、战斗力量编组到武器装备配置均符合其作战使命。

(三)能够为装备作战运用提供理论和方法支持

武装直升机作战效能评估从数据分析的角度探索装备快速形成战斗力的途径和方法,解

决困扰陆航装备作战运用的重难点问题,能够为遂行作战任务,根据武器装备的性能、效能对武器装备进行统一的区分、编组,按照武器装备的特点进行合理配置等内容进行研究;能够依据武器装备的作战使命、整体作战效能、作战任务和编制体制以及作战环境等,从作战实际出发,对装备作战使用流程进行研究,从而指导部队科学运用直升机。

(四)能够完成陆航装备作战仿真实验

作战仿真实验是检验战法、训法科学性的有效手段,是院校教学训练过程中必不可少的重要环节。有效的作战仿真实验是建立在精准详细的数据、科学合理的模型、灵活实用的平台之上的。武装直升机作战效能评估要通过对陆航装备作战运用相关模型的收集、梳理和挖掘,通过对武装直升机仿真模型的分析与构建、作战环境的仿真与生成、战术想定的推理与执行,为陆航装备作战仿真实验提供环境和手段服务。

(五)能够为武装直升机的规划及研制提供新方法

武装直升机作战效能评估,可为各型武装直升机规划及研制的指标论证、方案论证、方案评审和鉴定定型等,提供定量的分析方法。一是为指标论证提供方法。在指标论证阶段,可通过作战效能评估对新型号武装直升机承担的作战任务及应当具备的综合作战能力进行综合分析,在此基础上对其各项作战使用性能和战术技术指标进行权衡优化,避免过分强调某些指标而忽略另一些指标。在保证必需的综合作战能力的前提下,提出最佳作战使用性能和战术技术指标组合,力求降低研制难度、缩短研制周期、减少研制费用,为武装直升机作战使用性能和战术技术指标论证提供新方法。二是为方案论证和方案评审提供新方法。在方案论证阶段,可通过作战效能评估对新型武装直升机的多种研制技术方案进行综合评估分析,预计所研制武器的基本作战能力,给出不同研制方案中武器的作战效能,从而对不同研制方案的优劣提出结论性建议,为方案论证和方案评审提供新方法。三是为鉴定定型提供方法。在定型阶段,可通过作战效能评估对该型号武装直升机在对抗、干扰环境条件下的综合作战能力进行综合分析,并与其他同类武器综合作战能力作比较,为新型武器的鉴定定型和使用部署提供新方法,也可通过作战效能评估发现其在作战使用中的薄弱环节,为后续型号的研制提供参考。

(六)能够为武装直升机武器系统的综合配套提供支撑

在武装直升机作战系统使用阶段,可通过作战效能评估,对各型武装直升机在不同作战环境条件下,攻击不同目标时的作战效果和作战能力进行全面综合分析,为制定科学的作战理论、作战原则和使用策略提供新方法,也可通过作战效能评估获得武器系统某一方面的综合作战能力,如机动能力、生存能力、突防能力和打击(毁伤)能力等,为作战使用提供一定的决策信息。在作战理论研究方面,随着高新技术的发展和运用,单纯依靠研究者智慧、知识和经验进行作战理论研究已难以适应现代战争发展的需要。作战效能评估指标体系、方法体系和评估系统的分析和建立,将作战理论研究所需要的抽象思维、定性分析技术、定量分析技术和计算机仿真模拟技术进行有机的结合,为现代作战理论研究提供了有效的技术手段。运用该手段进行作战理论的研究,将不断提高作战理论研究的科学性、可靠性和实用性。

二、直升机作战效能评估的类型

(一)根据评估的目的和用途分类

根据评估目的和用途,直升机作战效能评估可分为总结性评估和预测性评估。

直升机武器效能总结性评估,是直升机武器效能的某一阶段,或者某一次作战行动完成后,对评估指标具备的能力进行评估。总结性效能评估不仅注重作战行动中的细节,更关注作战行动中各指标实际具备的能力,通过各行动在作战指挥中实际具备的能力总结经验教训,为后面直升机武器效能提供指导和借鉴作用。

直升机武器效能预测性评估,又叫可能性评估,是进行作战行动开始时,通过对作战行动有关因素指标可具备的条件进行评估。通过预测性评估可以及时发现武装直升机武器效能各个环节中的优劣势,针对作战行动过程中的漏洞和不足,及时修正和改进影响作战能力的薄弱环节和影响因素,确保作战行动的顺利开展,为取得作战胜利提供技术支持。

(二)根据评估对象状态分类

根据评估对象状态,直升机作战效能评估可分为动态指标效能评估和静态指标效能评估。

(1)动态指标评估是指在作战状态下,对直升机武器效能活动有关因素指标的评估,是将直升机武器效能评估对象放在作战的时间和空间里,在作战这个特定背景下,对直升机武器效能相关因素指标进行评估。在进行动态指标评估过程中,除了与直升机武器效能的自身因素有关外,还与直升机武器的作战任务和作战环境等外部因素有关。

(2)静态指标评估是指在准备作战状态下,对直升机武器效能活动有关因素指标的评估,是将直升机武器效能评估对象放在作战的时间和空间里,按照相关标准对直升机武器效能活动中的某一时间点(阶段)所发挥的能力进行评估,主要是对存在的实际能力和具备的潜力进行评估。在进行静态指标能力评估过程中,主要围绕直升机武器效能活动相关因素的生成能力展开。

(三)根据评估对象范围和内容分类

根据评估对象的范围和内容,直升机作战效能评估可分为综合要素能力评估和单项要素能力评估。

(1)综合要素能力评估是对直升机作战效能进行的全面、整体的评估,是单项要素能力评估的综合。

(2)单项要素能力评估是对直升机武器效能各个要素在作战过程中具备的能力评估,如获取目标信息能力评估、火力打击能力评估等。

三、直升机作战效能评估的要求

(一)尊重客观事实

直升机作战效能评估能够真正体现直升机武器效能的具体实践活动,评估结果反映的是要素指标的实际情况,在进行评估前要征求多方意见,认真考察,确保评估过程中所有要素指标信息要来源于直升机装备及使用者,所有采集到的信息具有时效性,确实能够客观地反映真实情况,不能凭空捏造,保证评估的客观性。

(二)合理区分评估对象层次

直升机作战效能评估过程中要根据编制情况,对直升机作战效能评估对象合理区分层次,把直升机机械设备、机载设备、火力设备等合理区分,依据装备性能特点建立指标体系及权重,科学地进行综合评估。

(三)采用实用方法科学评估

直升机作战效能评估的步骤方法、数据采集、指标体系构建、评估模型建立、评估结果计算都要遵循科学规律,运用数学方法和现代计算机技术相结合的方式进行评估。在进行直升机作战效能评估过程中,选择的评估方法应该是常用的方法,评估过程要科学合理、简单易懂。在进行评估数据的采集过程中,要紧贴直升机武器作战效能的实际情况,采集能够真实反映要素指标的数据,在对作战效能评估模型进行数据输入和计算时要容易操作,利于在部队推广使用,保证评估过程、评估内容和评估方式的实用性。

(四)严格评估程序过程

直升机作战效能评估的结果取决于评估的过程,在进行评估中为了防止出现漏洞和偏差,应该对评估的每个过程都要认真审核,力求评估过程严密、评估内容一致、数据采集真实,确保评估结果的规范和公正。

第三节　直升机作战效能评估的程序和方法

作战效能评估需要一定的条件,效能评估理论基础、数学模型、数据库、运算手段、仿真方法等,便是效能评估最起码的必要条件。现代科技的高速发展,不确定性数学、计算数学、计算机技术的进步和逐渐成熟,给予效能评估以更加先进和可靠的手段,使效能评估技术建立在科学基础之上,其分辨率和置信度均大大提高。目前,很多国家都建立了一系列的作战模型和完善的数据库,使得效能评估的实用程度也大为提高。实践证明,效能评估对战争胜负具有重要作用,对于军事科学的巨大影响和推动是无可置疑的,也是无可替代的。

一、直升机作战效能评估思路

直升机作战效能评估在建立科学系统的作战效能评估指标体系的基础上,采用定量分析与定性分析相结合方法作为评估的基本思路。由于直升机作战效能涉及因素是相对确定的,为了评估,需建立指标体系并将这些因素进行分解,转化为利于求解的量化指标;同时,个别指标无法定量描述或者准确描述,需要定性描述。最后根据作战效能评估方法,利用公式计算直升机武器效能各因素值,并根据各种指标权重值,通过模糊综合评判法,最终得到直升机作战效能综合评估值。

二、直升机作战效能评估流程

直升机作战效能评估程序一般由评估准备和评估实施组成,具体可按以下七步实施。

(一)确定评估目的

直升机作战效能评估目的是为指挥员和指挥机关提供相关数据支持和科学依据,使指挥员和指挥机关能够迅速、准确地掌握直升机武器效能要素指标的现状,预测直升机武器效能在作战行动中发挥的能力,对作战结果做出预判,同时能够及时发现直升机武器效能中某些要素指标的薄弱环节,使其能够及时改进和优化,提升作战能力。

(二)分析评估对象

直升机作战效能评估对象是评估的客体要素,即要研究的评估对象是直升机作战效能,围绕直升机作战效能这个评估对象,开展相关资料和数据收集工作,并对与直升机作战效能有关的影响因素进行分析,找出与直升机作战效能评估有关的要素指标。

(三)建立评估指标体系

在分析直升机作战效能评估对象的基础上,确定具体的评估要素指标。这些要素指标对作战能力发挥的影响因素不同,所以在评估过程中,采用数据采集方法和手段也不尽相同,为了使评估结果准确,必须对这些要素指标统一衡量标准,否则就无法完成作战效能评估。因此,需要建立能够对各种影响因素进行统一衡量的尺度标准,即评估指标体系。评估指标体系是对直升机武器效能进行评估的基本依据。

(四)确定权重

直升机作战效能评估要素指标体系中的指标针对直升机作战效能,所产生的影响程度是不一样的。因此,为了区分评估指标在评估过程中的重要程度,需要引入数学方法,准确、合理、直观地反映各个评估要素指标在直升机作战效能中的重要程度,即给直升机作战效能指标体系中每个需要评估的指标赋予权重,以此作为评估的重要依据之一。

(五)获取评估信息并建立隶属度函数

直升机作战效能评估的过程,是把直升机作战效能质量和水平用给定好的尺子来衡量的过程,放到这把尺子上用来度量的内容,就是直升机作战效能评估信息。直升机作战效能评估信息获取过程中需要建立打分标准,然后通过相应的数学函数表达式来获得相关评估信息,在获取评估信息后,还需要对这些信息进行科学合理的处理,即建立相关指标隶属度函数,然后归纳统一,构建数学模型进行评估计算。

(六)构造评估数学模型

可建立单项指标能力评估模型和要素指标综合能力评估模型。

(七)评估结果与分析

完成直升机作战效能评估,对评估结果进行检验并分析判断,从而得出能力评估结论,可以检验评估指标体系是否科学,评估标准是否规范,权重确定是否合理。根据评估结论分析查找武装直升机作战效能中的不足,并提出改进措施和方法。

三、直升机作战效能评估的数据流程

评估是对直升机作战效能给予度量并在此基础上进行判断,按一定的尺度即评估指标进行数量计算和比较,是客观的;而评估模型的建立及结果数据的处理运用是主观的,因此,评估必须把客观的度量和主观的判断结合起来。在组织实施上,评估是在给定原因和模型条件下,确定评估结果。例如给定的模型是系统指标评估模型,给定的输入是决定直升机作战效能的影响因素值,如武装直升机技术战术性能、作战编成、射击精度、弹药威力、目标易损性等,待求的输出则是作战效能指标值。输出值取决于输入值,因而问题的解是数据驱动的,求解过程是由输入到输出的正向数据流动过程。从推理方法上看,评估是一种演绎推理,由体现一般原理的模型和体现特殊情况的输入推出体现结论的输出。

就客观的度量而言,作战效能评估过程就是数据的输入与输出过程,在构建作战效能评估指标体系的基础上,依据一定的评估模型,输入与输出数据,形成一种数据转换。评估模型是在给定能力指标下,描述输入与输出之间因果关系的数学表达式。输入是作为评估依据的原因数据,输出是体现能力度量结果的能力指标。输出值取决于输入值,因而问题的求解过程是由输入到输出的正向数据流动过程。

第四节 直升机作战效能评估指标体系

直升机作战效能评估涉及的指标因素很多,而且指标因素层次结构复杂,为了更好地解决评估指标问题,需要建立直升机作战效能评估指标体系。不同评估主体、不同评估目的对评估指标建立的要求是不一样的,所以建立"大而全"的指标体系不太可能,也没有必要。作战效能的量度不像物理量的量度那样直接,在定义作战效能评估指标时需注意:第一,由于作战行动中充满了不确定性,因此作战效能评估指标应尽量采用概率指标、模糊指标和灰色指标等这些用来描述不确定性的指标,其中概率指标是最常用的效能指标之一。第二,武器装备作战效能评估指标具有多样性,指标的不同反映不同的作战目的,即对于不同的作战目的,作战效能指标应该有所不同。第三,某些作战效能参数由于作战行动目标不明确或与人的行为因素关系密切而难以量化,如指挥控制的效能参数,这种情况下的效能量度可应用定性评价的定量表示法。此外,作战效能指标可能并不包含相应作战效能特性的全部信息,如对作战效能起重要影响的许多因素,如人员的士气、飞行员的操纵能力等从根本上讲是难以量化的,因此,在根据作战效能指标做出武器装备选择、作战方案制定等决策时,必须充分考虑到作战效能指标的局限性。科学、合理的评估指标体系,可以充分反映直升机作战效能评估各指标的相互关系和本质结构,在建立直升机作战效能评估指标体系过程中,通过对评估指标因素的筛选和分类,简化评估过程,使评估指标能够统一规范和量化,为建立直升机作战效能评估模型打下基础。

一、指标体系的含义

(一)指标的定义

对"指标"有三种解释:计划中规定达到的目标;反映一定时间和条件下一定社会现象规格、程度和结构的数值,常用绝对数、相对数、平均数表示;以目标为根据,将其分解为能反映其本质特征的要素,这些要素通常称为指标。每一个指标是目标的一个方面或规定性的体现,它能反映出目标的局部特征,使目标实现更加具体化、可操作化。

在日常生活和工作中,把目标、指标、标准相互混淆的现象是经常遇到的[①]。目标、指标、标准三者之间相互联系,但它们之间的区别也是显著的。目标决定指标的存在,不存在没有目标的指标,离开了目标,指标就没有存在的意义;指标决定目标的具体落实,没有指标的目标,人们就很难认识目标和实现目标;目标反映事物的全部,指标反映事物的局部;目标总是比较稳定,而指标在反映目标的前提下,往往因时空、条件的变化而有所变动。标准是对指标达到程度的具体区分,是从数量和质量上具体衡量指标的尺度;指标是制定标准的依据和前提。指标是对评估对象提出的原则要求,标准是对指标所提要求的细化及等级划分。每个目标包含了若干个指标,指标又有若干个标准作支撑。目标、指标、标准都是相对概念,在一定条件下相互转化;从目标到标准是层次递进关系,是从宏观到微观的细化过程。

[①] 《现代汉语词典》对目标的解释是:"想要达到的境地或标准。"可见,目标是人们行为的一种指向,且需要人们为之奋斗才能达到或实现的标准;国家标准 GB/T 3935.1—1996《标准化和有关领域的通用术语》定义:标准是对重复性事物和概念所做的统一规定,它以科学、技术和实践经验的综合为基础,经过有关方面协商一致,由主管机构批准,以特定的形式发布,作为共同遵守的准则和依据。GB/T 2000.1—2014《标准化工作指南 第1部分:标准化和相关活动的通用术语》中对标准的描述是:"通过标准化活动,按照规定的程序经协商一致制定,为各种活动或其结果提供规则、指南或特性,供共同使用和重复使用的一种文件。"《现代汉语词典》将"标准"定义为:"衡量事物的准则。"

(二)评估指标体系的定义

评估指标体系是由若干个评估指标按照内在规律和逻辑结构排列组合而成的有机整体或集合。效能评估指标体系是对直升机作战体系的本质特征及其构成要素以及完成规定任务程度的客观描述,全面反映直升机完成规定作战任务所具备的作战能力和满足完成规定任务的程度。指标体系越全面,效能评估结果越客观、合理。

(三)评估指标体系的特征

集合性特征,即评估指标体系是具有相互关系的若干个评估指标的总和;

关联性特征,即评估指标体系中的各指标之间都是互相联系、互相影响的;

层次性特征,即评估指标体系由若干个层次构成,一般分为一级指标、二级指标、三级指标,指标的层次越高,则原则越抽象、越统一,层次越低,则越具体、越明确;

整体性特征,即评估指标体系是若干个评估指标的有机组合体,而不是简单的相加或堆积。

(四)评估指标体系的结构形式

将总目标(要求)分解为评估指标体系,要掌握个"度"。分解的层次多了,虽然具体,但指标级数分得太多、太细,过于烦琐,给评估带来不便;分解的层次少了,指标虽少,但往往太粗略,显得抽象、笼统,不便于操作。所以,评估指标通常分为三个层级,即一级指标、二级指标、三级指标。这三个层级的指标在总目标下形成了一个分层级、分系列的指标体系,它们之间在纵向上相互联结,上一级目标(指标)包含下一级全部指标,下一级全部指标的内涵等同于上一级目标(指标);在横向上相互沟通,各同级指标之间既各自独立,又相互联系、相互制约。整个指标体系是一个有机整体,通常称为树状结构。

(五)评估指标体系的作用

评估指标体系有利于充分认识和反映部队装备保障的本质特点、内在规律、相互联系;有利于评估工作的具体实施,便于计量、分析、检查、考评;有利于取得科学、客观、公正的评估结论。

二、指标体系建立的原则

效能评估指标体系应能全面反映决策方案的主要方面,它的结构取决于决策目的、决策方案的性质等。指标体系越全面,决策的结果就越客观、越合理,但指标太多也会增加评估的复杂程度和难度,尤其是数据的计算量将以指数形式增长。直升机武器效能指标体系的建立是直升机作战效能评估的基础和核心工作之一,能力评估指标体系要能够充分体现和反映直升机武器效能的本质特点和规律,要有利于直升机作战效能评估工作的顺利开展,有利于部队作战能力评估实践活动,贴近和符合陆航部队实战化要求,有利于评估结果的科学、公正、客观。为了确保指标体系的范围、数量和评估质量,直升机作战效能评估指标体系建立时应遵守以下原则。

(一)客观性原则

直升机作战效能评估指标体系应该客观地反映其满足规定作战任务要求的程度。为了客观反映作战效能的实际情况,要尽可能选择客观的指标参数,避免主观指标的出现;要符合直升机武器效能客观实际,符合本身性质,符合直升机武器效能活动的特点和规律,特别是要把飞行员对武器的操作与直升机武器固有性能有机结合。

(二)系统性原则

武装直升机作战是一个复杂的系统,基于作战效能评估描述其完成固定作战任务的程度,描述作战效能的指标集合也应该是一个体系,这样才能完全地描述和刻画武装直升机相应性能及其完成作战任务的程度。在建立直升机武器效能指标体系时,要从多角度、多层面进行设计,兼顾指挥与航空机务保障各方面,把握能够反映直升机作战效能的主要因素。另外,还要考虑各个指标与指标之间的相互关系,要保证各个指标的含义、评估计算、数据取值范围和标准的统一,指标之间要互相关联,能够整体反映直升机作战效能各要素之间的关系和规律。

(三)易操作性原则

制定直升机武器效能指标体系是为了使直升机作战效能评估的对象更加具体,提高直升机作战效能评估的可行性。在建立直升机作战效能评估指标体系时,要从直升机武器效能实际出发,指标要具有现实性和易操作性,能够和直升机武器效能实践活动紧密结合,有利于直升机作战效能评估工作的顺利开展。在确定直升机作战效能评估指标时通常要求指标全面和客观,也就是说评估指标分级越多,内容越细,评估才越全面;要达到操作简便,通常认为最直接有效的手段就是减少评估指标数量和内容,但这样做又容易使评估内容不具体、不全面。因此,在确定指标时要注意评估指标内容和操作简便化之间的平衡关系,既不失评估的全面和具体,也不失评估操作的简便要求。

(四)发展性原则

直升机武器效能实践是一个长期的过程,随着陆航装备技术的发展、作战指挥理论的进步,在设计和制定直升机作战效能评估指标时,既要符合直升机作战效能评估现实要求,也要和直升机武器效能未来发展相结合,即评估结果能反映当前的作战能力,也能够对潜在的直升机作战效能有所体现,能够引导直升机武器效能评估研究的发展。

(五)重要性原则

影响直升机作战效能的因素很多,因此,选取直升机作战效能评估指标时,在保证指标选择全面的基础上,要有针对性地选择指标,将那些对直升机作战效能影响不大的指标舍去,留下典型指标,如打击能力、飞行能力等,保证评估指标体系最佳,防止出现评估指标繁而多的现象。

(六)层次性原则

直升机作战效能评估指标体系的建立,要对选中的指标进行分层,同一层指标要相对独立,相互不能重叠,每一层指标的下层指标,要能够充分反映该指标本质特性,要具有举足轻重的地位和作用,要具有代表性。注意分解评估指标体系时层级不宜过多、过细,否则会造成评估内容过于烦琐,给评估带来困难。指标层级太少,指标设置就会过于粗糙,评估会显得抽象和不具体,也会给评估带来困扰。所以,通常将直升机作战效能评估指标设定为三个层级。

(七)规范性原则

规范的指标可以方便部队的理解和使用。直升机作战效能评估指标的选择,要符合相关规范,符合国家标准、军队标准,符合相关条例、条令规定。同时注意,直升机作战效能评估指标中,并不是所有指标都是定量指标,如果指标能用数量表示,一定尽可能用定量评估的方法进行,然后再用定性指标加以描述和完善;对完全不能用数量表示的定性指标就要尊重指标的客观性和现实性,通过定性评估的方法完成评估,保证评估的全面性。

三、指标体系建立的步骤

建立评估指标体系是一个复杂的过程,也是一个运用系统思想分析武装直升机作战问题的过程。评估指标体系的建立需要考虑的因素多,指标范围越宽,指标数量越多,则方案之间的差异就越明显,有利于判断和评估,但同时确定指标权重的难度也就越大,处理和建模也就越复杂,可能结果并不理想。因此,评估指标体系要全面地反映直升机作战效能各项目标要求,尽可能做到科学、合理,且符合实际情况,并基本上能为评估主体和评估对象所接受。建立武装直升机作战效能评估指标体系的基本步骤如图3-1所示。

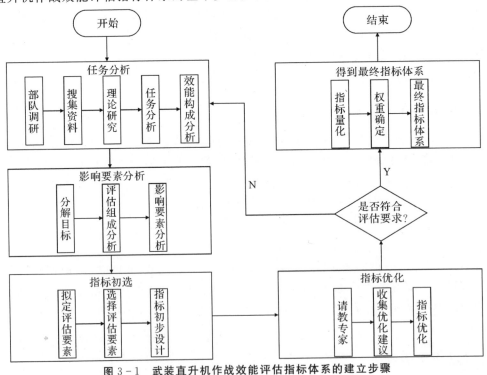

图3-1 武装直升机作战效能评估指标体系的建立步骤

(一)任务(目标)分析

进行任务(目标)分析是构建直升机作战效能评估指标体系的首要工作,主要是对能力评估目标进行分析,理清楚目标层次关系和结构,确定能力评估指标。直升机作战效能评估的总体目标是科学、客观地评价直升机作战效能活动中所具备的能力;围绕直升机作战效能评估总体目标,对评估指标进行研究,确定哪些是主要指标,哪些是次要指标;理清楚影响能力评估中各个因素之间的相互关系和作用,选定适合直升机作战效能评估的指标体系。

(二)影响要素分析

直升机作战效能的基本要素,是作战行动的基本构成,是完成作战任务的前提。对影响直升机作战效能的要素进行分析,弄清楚作战行动各要素之间的相互关系、相互作用和影响,在建立指标体系时,要充分考虑这些要素对评估的影响,合理地运用这些要素,把对能力评估的影响融入不同的评估指标中,充分发挥作战行动基本要素指标的评估作用。

(三)要素指标结构分析

分析直升机作战效能各要素指标的构成特点,各评估指标要适应直升机作战效能需求,初步完成对评估指标的鉴别和判断。同时,各评估指标应该与所要建立的评估体系相适应,搞清楚各指标的结构和相互之间的层次关系。对评估指标进行鉴别,确定指标在作战行动评估过程中的重要程度;判断每一项指标与作战行动实际情况是否符合;确定指标是定量指标还是定性指标,是静态指标还是动态指标,为各指标建模和获取评估数据提供依据。

(四)指标分析与优化

直升机作战效能评估离不开指标的具体数据,通过对这些数据进行分析,可以准确掌握一手资料,确定哪些指标是和直升机作战效能直接相关的。通过对评估指标的理解和认识,使直升机作战效能评估结果更加准确,为后面构建直升机作战效能评估数学模型奠定基础。对直升机作战效能要素中分解出来的指标分析、判断,不难发现有些指标可以很好地反映直升机作战效能,有些指标可能与能力的相关性不大。同时,各要素指标之间可能会存在重复、交叉、包含、因果、矛盾等问题。因此,选择评估指标时,需要进行指标的合并、归类和筛选,确保评估指标的精简,这样做的目的有利于提高指标质量,保证能力评估的效率和有效性。

(五)建立评估指标体系

评估指标体系初步形成以后,还必须广泛征求专家、作战人员和相关业务人员的意见、建议,确保直升机作战效能评估指标体系完善无遗漏。

效能评估的困难之处在于许多因素难于定量测度,如系统的抗毁性、抗干扰性、指控能力等,都需要进行量化才能开展定量的数学分析,进而简化评估过程。因此,从某种意义上讲,作战效能评估问题的关键在于"量化"。那么,如何在复杂系统的众多指标中确定出能合理、准确、科学地进行综合效能评估的指标体系,如何将多种不同性质的定性指标进行量化,如何将纷繁复杂的指标量纲进行规范化处理,都是效能评估所需解决的基础性问题,也是实现对系统科学、准确评估的基石。

四、指标的确定方法

指标可以分为定性指标和定量指标两种,定性指标值主要是通过专家定性评判后量化的方法获得,定量指标值可以通过试验统计、实地测量、报告分析等方法得到。

(一)定性指标的量化

定性指标主要是指只能凭人们的经验或感觉进行定性描述的指标。在一个复杂系统的指标体系中,有些指标是很难直接进行定量描述的,由于各人观点不同、思维方式不同、知识面不同以及经验多少不同等,对同一个指标的描述也会不同,只能通过"优、良、差"等语言值进行定性的判断。如对人员操作能力的评价、指标权重的确定等,不同人员之间都会存在一些差别。定性的描述不能利用数学这一定量计算的工具进行处理,因此就需要一个定性指标量化的过程,常用量化方法有直接打分法、层次分析法、灰色评估法等。

1. 直接打分法

被咨询专家根据自己的经验知识对定性指标直接作出价值判断,用一个明晰数来度量对指标的满意程度。该方法虽然简便,但由于客观事物的复杂性和主体判断的模糊性,专家很难准确地作出判断,如飞行员的驾驶能力、直升机的防卫能力等。

2. 层次分析法

该方法于1982年由天津大学的许树柏等人引入我国,具有思路清晰、系统、简便的特点,但是依赖于专家的主观性。因此,在运用层次分析法时要注意:一是把复杂的问题分解、分析、整理后,再把这些问题按属性不同分成若干组,以形成不同的层次。层次合理与否非常重要,如果某一问题的层次上下位置放置有误,其权重就会发生10倍数量级的变化。因此,层次构造要充分征求专家的意见,保证层次的合理、正确。二是注意标度的合理性。标度方法会影响一致性、累积效应、判断信息的损失程度等,在没有相应理论支撑的前提下,一般不可随便使用其他标度方法。三是注意是否会产生逆序。在所要进行的武器效能评估中,可能会出现这样的基本指标(或称基本措施或元素),放在某一准则下可以,放在另一准则下似乎也很合适。只要有这种改变,就会出现元素的导入(或去除)问题。因此,分析时要注意是否出现了逆序,出现与不出现都可能是正确的或错误的。所以,不管逆序出现与否都应认真分析其结果。

3. 灰色评估法

我国著名学者邓聚龙教授在1982年创立了灰色评估理论,这种方法主要针对的是评估信息不完全知道,而且评估样本较少的不确定系统。一些常规的评估方法要求获取完全的信息,因此对于这类系统就会束手无策。灰色评估法可以对已知的部分信息进行生成和开发,提取有价值的信息,从而实现对系统运行规律的正确描述和有效控制。

灰色系统理论主要研究内容有系统分析、信息处理、灰色建模、灰色预测和决策、灰色控制、灰色聚类与灰色统计等,研究对象一般是含复杂因素的大系统,解决具体问题时,常用灰色参数、灰色代数方程和灰色矩阵等模型来描述。目前对那些难以量化的定性要素,多是以定性分析为主进行评估。这种评估方法,一方面由于受评估者个人主观条件和环境因素的影响,所提供的信息不完全、不确切;另一方面也没有一个客观公正的评估标准,得不出一个度量的定量指标值,无法体现评估的科学性和准确性。由于这些定性因素对直升机作战效能有重要影响,在其效能评估中不能忽略,因而必须对定性指标量化处理,以便于同其他定量指标综合。而灰色评估方法恰好可以解决这一问题。灰色评估法是以灰色系统理论为基础、以层次分析理论为指导的一种定量计算与定性分析相结合的评估方法。它特别适用于对系统中不确知的定性因素进行定量化评估,也能给出不同受评者的优劣排序,因而在系统中用于评价和选优方面将发挥重要作用。这种方法采用定性与定量分析相结合的方法,能够考虑诸多人为因素的影响,也能够吸收各类型底层因素的影响,所得的评估信息可满足不同的评估需求。但是这种方法难以对系统做出全面而准确的定量评估,评估结果的准确性取决于专家评分的准确性,带有一定的主观性,此外,工作量也比较大,计算任务繁重。

(二)定量指标的规范化

评估中大量指标虽然可以定量描述,但由于作战效能的各种指标、数据的物理属性和数值量级都相差很大且量纲也各不同,所以,在进行综合前,必须将影响效能因素的各种定量指标进行统一量纲处理。如果直接利用原始指标进行作战效能的评估,要么困难较大无从着手,要么评估方案不科学造成评估结果不合理。因此只有先找出各种量纲的共同点、共同属性,建立起统一的量纲函数关系,输入各种不同量纲的性能指标值,通过数学方法处理输出统一的量纲值或无量纲的相对量值,即对指标矩阵进行规范化(归一化、标准化)处理后,才能进一步比较、综合,其实质是通过一定的数学变换把指标值转变为可以综合处理的"量化值"。

五、指标权重的确定方法

武装直升机种类多、型号多、功能差异大,为保障作战效能评估的针对性、合理性和准确性,需要对作战效能贡献率进行客观评价,即对效能评估指标的权重进行综合衡量后确定,具体的权重可根据评估对象和评估方法来确定。目标的权重确定方法大体分为主观赋权法和客观赋权法两种:主观赋权法基于决策者给出的主观偏好信息或决策者直接根据经验得到属性权重,主要有灰色关联法、专家意见(调查)法、循环评分法、二项系数法和网络层次分析法等。其优点是可以体现决策者的经验判断,属性的相对重要性符合常识。但其随意性大,决策准确性和可靠性稍差。客观赋权法是基于决策矩阵信息,通过建立一定的数学模型计算出权重系数,如信息熵法、主成分分析法等。客观赋权法利用一定的数学模型,存在赋权的客观标准,但是忽视了决策者的主观知识与经验等主观偏好信息,有时会出现权重系数不合理的现象。在实际应用中,为了克服人为因素的影响,常常将主观赋权法和客观赋权法结合起来使用来确定各指标的权重。

(一)主观赋权法

1.灰色关联法

从灰色理论的角度看待直升机作战效能评估问题中因素权重的选取,由于因素多,因素之间的差异也很大,评判准则因人而异且信息不完全,特别是群决策中专家的意见常不一致,权重的确定中存在主观随意性和不充分性,这使得权重具有明显的不确定性和灰色性,因此常把给出的权重值看作一个不确定的灰数。

(1)专家意见灰色关联算法。确定权重的专家意见灰色关联算法,其实质是将各位专家经验判断的权重与专家群体经验判断的最大值进行量化比较,根据彼此差异的大小分析专家群体经验判断数值的关联程度,即关联度。关联度越大,说明专家群体经验越趋于一致,该因素在整个体系中的重要程度越大,权重也就越大。再对关联度进行归一化处理,即得到各因素权重。

(2)灰色自关联矩阵算法。权重的专家意见灰色关联算法是一种主观确定方法,在评估活动中,也可以采用灰色自关联矩阵,基于直升机武器系统对体系作战效能的贡献信息来确定其相对重要性。这种赋权的信息源来自客观待评估系统,基于因素样本信息得到的赋权结果比较客观。

2. 专家意见法

德尔菲(Delphi)法又称专家意见法、专家调查法,它是依据若干专家的知识、智慧、经验、信息和价值观,对评价指标进行分析、判断、权衡并赋予相应权值的一种调查法。Delphi法克服了专家会议法的弊端,通过匿名和反复征求意见的形式,让专家背靠背地充分发表看法,然后对这些看法进行归类统计。在专家意见比较一致的基础上,经组织者对专家意见进行数据处理,检验专家意见的集中程度、离散程度和协调程度,达到要求之后,得到各评价指标的初始权重向量,再进行归一化处理,就可获得各评价指标的权重向量。该方法适用范围广,不受样本是否有数据的限制,缺点是受专家知识、经验等主观因素的影响,过程较烦琐,适用于不易直接量化的一些模糊性指标。

3. 循环评分法

循环评分法又称环比评分法、DARE法,是一种通过确定各种因素的重要性系数来评价和选择创新方案的方法。此方法适用于各个评价对象之间有明显的可比关系,能直接对比,并能准确地评价功能重要程度比值的情况。

4. 网络层次分析法

网络层次分析(Analytic Network Process,ANP)法是美国 T. L. Saaty 教授于 1996 年提出的适应非独立递阶层次结构的评估方法。它是由已经得到广泛应用的层次分析(Analytic Hierarchy Process,AHP)法延伸发展得到的一种系统评估新方法。ANP的先进之处在于摒弃了AHP各个元素之间独立的假设,以网络化的方式表示元素之间的相互关系,充分考虑层次内部元素的相互依存以及相邻层次间的反馈关系,以严密的数学运算描述客观事物之间的联系,同时反映决策者的主观信息,可揭示包括相关性在内的复杂规律。ANP定性与定量结合方法与现实问题更接近,能够很好地满足武装直升机作战效能评价指标之间的关系并不全是相互独立的因素相关性分析需求。ANP是给出一个准则,对2个元素在该准则下对第3个元素的影响程度进行相互比较,建立系统、完整的综合矩阵,对其比较分析、判断合成、解析计算,最终得到指标元素在多准则下的总权重。

(二)客观赋权法

1. 信息熵法

信息熵是由香农(Shannon)将热力学"熵"引入信息论而提出的。其为不确定方法的一种重要概念,常被用作对不确定性的一种度量,信息量越大,不确定性就越小,熵也越小;信息量越小,不确定性越大,熵值也越大。根据熵的特性,可以根据熵值来判断一个事件的随机性及无序程度,也可以用熵值来判断某个因素的离散程度。一般而言,指标的离散程度越强,熵值就越小;反之,熵值就越大。在确定多个因素的相对重要性时,若各个因素的值没有太大区别,则任一因素在综合分析中所起的作用不大;反之,若各个因素的值有很大的波动,即指标的离散程度很大,则波峰或波谷因素对综合分析有很重要的影响。所以,可以利用熵值这个工具来计算各个因素的权重。

2. 主成分分析法

主成分分析法是利用数理统计和线性代数,借助于一个正交变换,将其分量相关的原随机向量转化成其分量不相关的新随机向量,并以方差作为信息量的测度,对新随机向量进行降维处理,再通过构造适当的价值函数,进一步把低维系统转化为一维系统,计算出来的系统特征值对应的特征向量可以粗略地看成是指标的权重向量。主成分分析法将多个指标化为少数指标,对多维变量进行降维,降维后的变量是原变量的线性组合,并能反映原变量绝大部分的信息,使信息的损失最小,对原变量的综合解释能力强。该方法通过主成分的方差贡献率来表示变量的作用,可避免在系统分析中对权重的主观判断,使权重的分配更合理,尽可能地减少重叠信息的不良影响,克服变量之间的多重相关性,使系统分析简化。当主成分变量所包含的指标信息量占原始指标信息量的 85% 以上时,认为分析达到效果。此法计算量较大,可操作性差,适于评价指标较少的评估问题。

六、武装直升机作战效能评估构成要素

对武装直升机作战效能而言,从大的方面来说可以通过任务能力、可用性和生存能力三方面要素来评估。其表达式为

$$E_{AH} = P_m \cdot P_a \cdot P_s$$

式中:E_{AH} —— 武装直升机的作战能力;

P_m —— 任务成功率;

P_a —— 可用率;

P_s —— 生存率。

在上述各要素中,其对作战效能的影响程度是不等价的,因此在实际应用中,应该使用加权的方法来进行综合。事实上,对武装直升机的任务能力有着重要影响的要素如通信能力、电子压制和干扰能力、火力打击能力、飞行性能等问题往往与其设计思想、制造工艺等因素有关;而武装直升机的可用度、可靠度固然在设计时有一定的要求,但是往往与使用过程中的维修管理、零件供应以及使用方式等有关,因此在某些情况下,对比武装直升机的作战效能时,先忽略其他因素,以作战能力代替效能。

武装直升机的战术技术性能指标及可靠性、维修性指标很多,且量纲各不相同。但考虑到武装直升机的作战使命是在保存自己的前提下击毁各种目标,其任务具有明确的轮廓,并且执行任务的结局有两种互逆的可能性——"成功(命中毁伤目标)"或"失败(不能命中毁伤目标)",所以武装直升机作战效能的最佳量度形式是采用一组能表示其系统功能的重要属性(如摧毁地面目标能力、生存能力)的效能指标,以"概率"的形式表示。在《武装直升机作战效能仿真与评估方法》中,根据武装直升机作战效能指标的层次特点和对效能评估指标"五性"(即系统性、简明性、针对性、客观性和独立型)的原则性要求,可制定武装直升机的作战效能评估指

标体系[①],如图 3-2 所示。

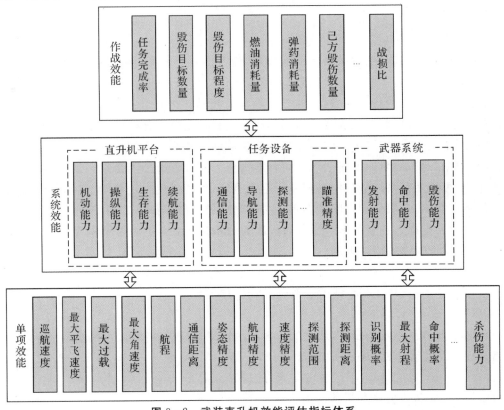

图 3-2 武装直升机效能评估指标体系

该体系结构中的指标可进一步细分为多项指标。以平台类指标中的机动性(用 M 表示)为例,该指标通常由最大速度、动力限、最大正过载、最小负过载、最大爬升率组成。每一项指标根据作战任务不同,可以有多种定义方法。以瞄准精度和命中能力为例,有偏离目标中心点的距离和偏离武器目标中心线的角度两种;以毁伤能力为例,对于有生力量,通常用伤亡数量和伤亡率表示;对于装甲目标,通常用毁伤程度、毁伤数目表示;对于指挥所、机场等目标,则用摧毁面积、毁伤比例描述。武器系统的毁伤能力既与作战目标息息相关,也与武器使用方式密切相关。在分析作战效能时需根据目标的种类和特点分情况考虑,并将不同武器攻击模式下产生的毁伤效果进行对比。指标体系中的效能指标既具有独立性又相互关联,武器系统作战的总效能是战场环境和战术技术条件下各项效能指标的综合。

---

① 孙世霞,来国军,张宏斌.武器直升机作战效能仿真与评估方法[M].北京:国防工业出版社,2013

第四章　直升机攻击目标通用性特征

通过分析目标特征,能为目标选择和打击、作战效能评估等提供基本依据。目标选择和打击是一个选择目标、排列目标优先顺序、对目标作出恰当的反应,以及充分考虑作战需求和能力的过程。《美军联合条令》认为,联合目标选择与打击是实现火力效能的一项基本任务,有助于在联合作战计划制订过程中将火力系统与其他联合效能(包括指挥与控制、情报、运动与机动、保护以及维持等)进行整合和同步。

第一节　目标分类及特征

军事目标是指"具有军事性质或军事价值的打击或防卫的对象,如军事设施、军事要地、军队集团军等"。[①]《炮兵大词典》中对目标的描述是"射击时预定杀伤与摧毁的对象。一般包括有生力量、火器、坦克、装甲输送车、工事、障碍物、指挥所、观察所、雷达站、通信枢纽、支撑点、炮兵连、导弹发射装置、舰艇、桥梁、机场、建筑物等"。[②] 美军联合出版物《目标选择与打击联合条令》中对目标的定义是"目标是一个地区、一座综合性建筑、一个设施、一支部队、一种装备、一种作战能力、一种功能或某种行为(被认为可能是支持联合部队司令的作战目标、指导方针和作战意图的行动)"。[③]《美军联合条令》认为目标是指可能对其实施打击或采取行动,以改变或抵消敌方所发挥功效的实体(任务、地点或事物),目标的重要性体现在其为实现指挥官的作战目的或是为完成任务的潜在贡献。就本书而言,目标是指武装直升机火力所要打击的对象,该对象是在一定空间和时间内的实物,小至单兵、单件兵器,也可能是一所兵营、机场,或者是交通枢纽和工厂等。

打击目标是指作战行动中武装直升机所要打击的对象。无论选择什么样的火力打击手段,也不管在何种作战行动中,要想取得最佳的作战效果,就必须首先对所要打击的目标进行科学、合理的分析。在现代陆战场,需要武装直升机打击的目标数量繁多、特性各异,而且其抗击火力打击的能力也各不相同。为此,必须分析研究可能的打击目标,以便为打击目标跟直升机武器系统的配对提供依据,提高火力分配的针对性和合理性,提高打击目标的精准性和实时性。

---

① 全军军事学术管理委员会,军事科学院.军语.北京:军事科学出版社,2011.
② 战永盛.炮兵大辞典.北京:解放军出版社,2003.
③ 由总参军训和兵种部于2006年编译.

一、目标分类

现代战场上,适于武装直升机打击的目标很多,通常可分为空中目标、地面目标或水面目标,移动目标和固定目标。这些目标可组合为 4 种目标类型:地面或水面移动目标、地面或水面固定目标、空中移动目标、空中固定目标(如悬停的直升机、羁留气球等)。根据射击效率评定的相关理论,按目标遭受损伤度量形式的不同,把武装直升机攻击的地面目标分为以下几种类型。

(一)单个目标

如果武装直升机攻击的目标是幅员小于 50 m^2 的独立目标,则称此目标为单个目标。对单个目标射击,射击任务可能完成,也可能未完成。在这里不考虑对单个目标射击的中间损坏过程,把击毁它的概率作为对这类目标攻击的射击效率。武装直升机所攻击的典型的单个目标有火力发射点、指挥所、通信枢纽、防空高射炮雷达站,在很多情况下也包括单辆坦克、步兵战车等。

(二)面状目标

面状目标是指那些不能确切知道它们的坐标,而只知道它们分布地域的单个目标组成的目标群组或从目标中不能分离出易损元素(击中易损元素将导致整个目标被击毁)的目标,如集结步兵、炮兵防空兵阵地、机场跑道等。通常用击毁目标区域的面积与该目标区域的总面积之比作为对这类目标的射击效率。

(三)集群目标

集群目标指有一定组织方式且相互联系的元素目标的集合。当集群目标中目标类型相同时,在火力作用下可认为目标的功能受损程度与被击毁的元素目标数成正比。对集群目标的射击效率由被击毁的元素目标数与总的元素目标数的比值来计算。武装直升机所攻击的典型集群目标有停机坪上的飞机、装甲集群等。集群目标又分为疏散型集群目标和密集型集群目标。每个元素目标只可能被针对其自身实施的火力杀伤所击毁,这样的集群目标称为疏散型集群目标。如果在一次火力杀伤中,由于弹药不可避免会散布开来,在击毁指定元素目标的同时,有可能还会击毁其他一个或多个元素目标,这样的集群目标称为密集型集群目标。实际上,集群目标尤其是密集型集群目标,在攻击中,机组人员难于或不可能观测到杀伤对象的所有元素目标,在评估其射击效率时通常可看作是面目标。单个目标,如果不知道其确切位置,且在攻击中由于伪装措施或烟雾等原因而观测不到目标,也可以看作是面目标。

现代战场目标众多,陆航兵力规模有限,哪些战场目标会成为武装直升机优先选择的对象? 通常在不同的战斗中,根据不同的作战任务和战场情况,为武装直升机所分配的目标和确定的目标打击顺序各不相同。比如,美军对武装直升机目标的选择和攻击顺序有明确的规定:敌方指挥车辆为第一类攻击目标,工程车辆为第二类攻击目标,坦克为第三类攻击目标,防空兵为第四类攻击目标,步兵输送车为第五类攻击目标。[①] 但是,根据现代战场各种目标所占比重,武装直升机攻击最多的还是敌方的装甲目标,这是因为装甲目标大量装备敌军部队。据统计,战场目标中装甲目标的比例高达70%,而其他目标相对而言要少得多。结合美军的相关规定、武装直升机的作战使用特点以及装备现状,在为武装直升机分配攻击目标时,通常应优先选择攻击的目标并确定的攻击顺序是装甲目标、指挥车辆、纵深内重要目标。在作战效能评估时,可以根据目标基本情况、目标功能分类、目标毁伤任务、目标毁伤等级等四方面,确立各类典型目标的毁伤任务等级,建立武装直升机战场典型目标数据库。其中典型目标主要如下:

(1)指挥所类目标:地面(地下)指挥所、车载指挥所;

(2)装备器材类目标:坦克、装甲车、自行火炮、武装直升机、小型军舰、船只、侦察(指挥)车、飞机、导弹发射装置、牵引车、运输车、雷达站、通信枢纽等;

(3)有生力量类目标:暴露步兵、空降兵和其他担负重要岗位的人员。

二、目标特征

目标通用性特征是目标基本特点和性质的概括,是与武器射击有密切关系的、具有普遍意义的目标本征特性,包括目标毁伤判据、目标毁伤律、目标易损性、毁伤目标所需命中弹数等。这里主要研究目标机动性、目标易损性和目标几何特性等。

《美军联合条令》认为:每个目标都有其内在与外在的特征,这些特征组成了目标探测、定位、识别、分类,以及后续的侦察、分析、交战和评估的基础。总体而言,目标具有物理、功能、认知、环境和时间这五类广义的特征分类。物理特征用于描述目标,此类特征可以通过感官或传感器所获信号进行识别,对确定打击目标所需武器的类型与数量、打击方法具有重要作用;功能特征用以描述目标做什么,以及目标如何做,这类特征描述了一个目标在更高级的目标系统中所发挥的功能、该目标或目标系统如何运作、活跃等级、功能状态,以及在某些情况下的重要程度,通常需要通过推理或归纳等思维方式对已知事实进行分析进而得出结论。认知特征描述目标怎样处理信息或行使控制功能,当目标实体为人时,认知特征的重点是描述这个人的推理方式或这个人的决策受何影响。由于几乎所有的目标系统都拥有重要控制功能,认知特征在合理评估目标系统关键节点方面具有极其重要的作用。环境特征用于确定环境对目标的影响,这些特征可能影响对目标施加影响或进行观察的方式。时间作为目标的一项特征,描述了目标探测、攻击方面的弱点。由于作战环境的动态变化,所有潜在目标以及所有被提名打击目标的优先权处在持续的变化中,有些目标转瞬即逝,有些目标可能对于友军至关重要。那些既是转瞬即逝又是至关重要的目标是联合部队目标选择与打击所面临的最大挑战。时间特征可以帮助确定何时和怎样寻找或打击目标,通过将该特征与信息延迟和己方能力的背景进行比对,能够为指挥员在采取相应行动方面提供更好的建议。

---

① 张占军.低空旋风.北京:航空工业出版社,1998.

(一)目标机动性

目标机动性是指在一定的时间间隔内和一定的战场环境下,目标改变位置、速度、面积与方向的能力,它对火力打击精度会产生直接影响。从目标是否具有机动性方面,可将目标划分为固定目标、机动目标和运动目标。固定目标是指目标位置相对固定或遭火力打击时不能迅速进行机动的目标。机动目标是指有一定的机动能力、易于变换位置的目标,特点是在火力打击之前,通常处在某一位置;在火力打击开始或火力打击过程中,或者因作战行动的变化,或者因自身生存的需要,也有可能转移到另一位置;机动目标的位置变化具有不连续性,即机动目标的位置并不是随着时间的变化而变化,而是有时处于运动状态,有时处于静止状态。运动目标是指目标位置随时间变化而变化、始终处于运动状态的目标,如运动中的坦克、装甲车辆等。相比而言,固定目标易于我方对其实施精确测量和打击,而运动和机动目标由于不断变换目标位置则不宜对其实施精确测量和打击。因此,在选择武装直升机火力打击目标时应充分考虑目标的机动性。直升机火力可以利用其高度的机动灵活性、快速的火力反应能力和很高的命中精度,根据机动和运动目标所处位置和状态,灵活调整攻击阵位、攻击方向和攻击方法,对机动和运动目标实施有效的空中攻击,并能取得较好的攻击效果。

(二)目标易损性

目标易损性是指受火力打击时,目标被毁伤的难易程度,即可能使目标失去正常功能或丧失战斗能力的程度,是影响武装直升机作战效能和弹药选择的重要因素。根据目标易毁性,可以将目标分为软目标和硬目标。软目标是指暴露在地面上,无装甲或钢筋混凝土防护、易于摧毁的目标,如暴露有生力量、普通车辆、雷达站等,这类目标一般只要弹药毁伤半径能覆盖目标区域便能被有效毁伤,而不需要弹药直接命中。硬目标是指具有较强的防护能力、不易被摧毁的目标,如地下指挥所、坦克、装甲车辆等,这类目标一般需要有较大威力的弹药直接命中才能被摧毁。在选择武装直升机火力打击目标和弹药时应充分考虑目标的易损性,直升机机载导弹命中精度高、威力大,而且武装直升机还可以利用其高度的机动灵活性从硬目标的顶部或翼侧寻找薄弱部位实施临空攻击,能够有效摧毁多种战场硬目标。另外,同种武器系统配备不同种类的弹药通常会给目标造成不一样的毁伤效果。

(三)目标几何特性

目标几何特性是指目标的大小和形状。根据目标几何特性,可以将目标分为点目标、面目标和线目标。点目标是指外形尺寸较小的目标,比如坦克、装甲车辆、碉堡工事等。面目标是指外形尺寸较大,且长宽比接近(通常不超过 3∶1)的目标,比如集结的部队、炮兵阵地等。线目标是指幅员的长与宽之比大于 10 的目标,如铁路、机场跑道、行进中的步兵和装甲部队等。点目标幅员比较小,对其实施火力打击要求武器系统必须具有较高的命中精度,适合直升机火力进行打击;面目标幅员比较大,不规则分布在较大面积上,一般用毁伤面积或相对毁伤面积衡量其损伤程度,对其实施火力打击对武器系统的命中精度要求相对比较低,通常适合选择火箭弹进行打击;线目标正面比纵深大得多,呈线状分布,也适合直升机火力进行打击。

第二节　目标的易损性

通常认为,易损性也就是易毁性[①],包括目标易毁结构、易损面积等因素。从定性角度分析,目标抵抗受打击后被毁伤的能力,称为目标的"硬度",其相反特征,便是目标的易毁性;从定量角度表达,目标的易毁性通常用目标的易毁概率来表示。目标的易毁性取决于目标材质及其结构的特性,前者是决定目标易毁性的基本因素,后者是决定目标易毁性的主要因素。

一、指挥所类目标

(一)目标基本情况

指挥所是指指挥军队作战的机构和场所。指挥所可设在地面或地下,也可设在车辆、飞机、舰艇上。

1. 地面(地下)指挥所

地面(地下)指挥所通常设置于工事、掩体或坑道内,重要指挥所幅员可达 $200 \times 300 \text{ m}^2$,地面(地下)指挥所最显著的特点是抗毁能力极强,难以摧毁。

2. 车载指挥所

车载指挥所通常以指挥车的形式出现。指挥车通常由操控舱、动力舱(底盘)和驾驶舱三大部分组成。操控舱内主要有信息处理和通信设备,是指挥作业的工作间;动力舱主要含动力和行走设备,是指挥车机动的动力源;驾驶舱含操纵设备和仪表,是驾驶员的操作间。如某型指挥车外形尺寸 7 501 mm×3 148 mm×2 863 mm,车内的战斗人员分为乘员和载员,共 6～7 人。

3. 舰载指挥所

舰载指挥所就是开设在舰船上的指挥所。各型船只均可开设指挥所,但是指挥所的规模和功能通常要受到舰船的尺寸、吨位等因素影响,而指挥所的生存能力则要受到舰船的甲板材质、厚度、预警能力等因素的制约。

4. 机载指挥所

机载指挥所通信距离远、机动灵活,在未来信息化作战中的地位越来越重要,尤其在空中战场控制方面,机载指挥所已由辅助作用上升为主导作用,成为 C^4ISR 不可缺少的重要组成部分。

---

① 大多文献中,将战场上目标的"易毁性"称为"易损性"。易损性具有较为广泛的指定性,它并不限定目标"损伤"或"毁伤"结果的起因和场合;而易毁性则明确限定了目标"毁伤"结果是在战场上由武器的毁伤效应造成的。目前,各种军事文献中也使用"易毁性"这一术语。

(二)对目标的毁伤任务

适合武装直升机打击的指挥所主要为地面(地下)指挥所、车载指挥所和舰载指挥所。

1. 对地面(地下)指挥所的毁伤任务

由于地面(地下)指挥所通常依托工事或建筑物设置,所以武装直升机通常对其工事或建筑物实施破坏射击,从而达到对指挥所的压制或歼灭。武装直升机对工事和建筑物射击火力的毁伤效力主要表现为侵彻效力、爆破效力、冲击波效力和破片效力等,其中,侵彻效力和爆破效力是对工事和建筑物造成毁伤效果的主要因素。

2. 对车载指挥所的毁伤任务

车载指挥所主要包括两类,一类是指挥系统内部专门的指挥车,另一类是临时在卡车、牵引车、吉普车等运载工具或运输车辆上开设的指挥所。武装直升机利用机载导弹对车载指挥所射击时靠侵彻效力、爆破效力、破片效力和冲击波效力。这类目标如果运行所必需的某个零部件受到损伤,将导致车辆停驶时间超出某一规定时间,即可认为车辆已经遭到有效破坏。车辆中有些主要行驶部件如电气部分、燃料系统、润滑系统和冷却系统等,在受到打击时特别容易损坏,故这些部件被视为受到攻击时最容易失效部件。

3. 对舰载指挥所的毁伤任务

现代舰船都有对抗爆炸的防护结构,如利用舰船的防护隔舱结构的变形来吸收炸药爆炸的能量等。武装直升机弹药一般通过接触式起爆①来毁伤舰船,与此同时,舰船的上甲板和舰船壳体亦发生变形。舰载指挥所部分或完全丧失战斗力,主要表现为:炮弹撞击和爆炸使舰船壳体破损,造成舱室进水,舰船发生倾斜、稳度恶化或吃水深度加大,甚至导致舰船沉没;如果炮弹命中舰船的弹药舱部位,将引起弹药爆炸,使舰船遭到毁灭;炮弹命中舰体,通常会使舰船的机动性下降,武器装备有效使用的可能性降低,还可能导致主机和推进器失去工作能力。同时,由于爆炸冲击波的振动,舰船上的仪表、机器等装置可能受到损伤,结果使指挥系统、武器装备、通信联络等系统失去电气控制而不能使用,严重削弱舰船的战斗力;舰船上的燃料、淡水等补给品因爆炸而受到损失,导致舰船的自给力下降被迫退出战斗行列;炮弹爆炸还可能破坏舰船上的烟道和蒸汽管道,使战斗人员因蒸汽和烟的作用而丧失战斗力。

(三)目标的毁伤等级

武装直升机火力对指挥所的毁伤,主要是炮弹爆炸时的破片效力、侵彻效力、爆破效力和冲击波效力作用的结果。毁伤等级及其相应的毁伤指标见表 4-1。

---

① 所谓接触式起爆,就是炮弹和舰船直接碰撞发生爆炸,这时高温、高压的气体生成物将冲击舰船的外壳板和纵隔墙,使其破裂和变形,然后膨胀的气体以及扰动的水流将使裂缝继续扩大,压力波通过防护隔舱填充液将能量传递给装甲隔墙,使其发生弯曲变形。

表 4-1 对指挥所各毁伤等级相应的毁伤指标

目标种类	等级			
	轻度 0.05～0.2(平均 0.12)	中度 0.2～0.4(平均 0.30)	重度 0.4～0.6(平均 0.5)	报废(死亡) 0.6 以上
地下掩体、指挥所	顶部少量破损,不影响使用	顶部击穿,仍可继续使用	1/2 顶部大部坍塌,严重影响使用	2/3 顶部坍塌,无法使用
车载指挥所	毁伤较轻,但不及时修复会影响该系统战术技术性能,需要进行检修或更换少量的零部件,系统整体作战效能降低比率不超过 20%	毁伤较重,需要进行特修和更换的零部件较多,系统整体作战效能降低比率为 20%～50%	毁伤严重,修理周期较长,消耗器材较多,系统整体作战效能降低比率为 50%～80%	无法修复或无修复价值,系统整体作战效能降低比率在 80% 以上

二、装备器材类目标

装备器材类目标包括坦克、装甲车、自行火炮、侦察(指挥)车、导弹发射装置、牵引车、运输车等。

(一)自行火炮

自行火炮是现代战争中的重要地面作战武器。战争中,自行火炮是穿甲弹主要攻击目标之一,分析自行火炮的结构及功能、易损性、防护能力对于构建自行火炮的毁伤标准具有重要的意义。

1. 目标详细分解

(1)目标实体。自行火炮主要由履带、发动机、底盘、炮身等四部分组成。从系统学的观点分析,主要由火力与控制系统、推进系统组成,同时各个分系统又由许多子系统或部件组成。在战斗过程中,有些部件的毁伤将导致整个自行火炮毁伤或主要功能损伤,而另一些部件的毁伤不至于使整个自行火炮毁伤或主要功能损伤,前者称为关键部件,后者称为非关键部件。

(2)目标功能。自行火炮作为进攻性武器,主要用于和敌方自行火炮或其他装甲车辆作战,也可以压制、摧毁反坦克武器,摧毁野战工事,歼灭有生力量,具有装甲面积大、甲板厚、抗弹能力强、火力猛、机动性好等特点。

(3)目标易损性。各种穿甲弹、破甲弹、碎甲弹击在甲板时产生强烈振动,引起内部设备严重破坏,或使某些运动部件运转失灵。自行火炮的易损性主要由关键部件的抗毁伤能力决定,关键部件的抗毁伤能力强,则其易损性就低;反之,其易损性就高。

(4)目标恢复能力。对于一般的自行火炮,恢复能力分为三级:一级是自行火炮分队能够自行修复;二级是自行火炮分队未能修复,但伴随分队能够修复;三级是自行火炮分队和伴随分队都不能够修复,必须送到专门修理所进行修复;四级是不具备恢复能力,已经报废。

(5)目标防御能力。主要是指自行火炮本身的装甲防护性能,一般取决于装甲厚度、抗压性等。

2. 对目标的毁伤任务

(1) 失去火力。乘员失去操纵武器的能力或武器被毁坏,因而自行火炮武器失效。

(2) 失去机动。乘员失去驾驶自行火炮的能力或机动性被毁坏,因而自行火炮不能在战场上做有控制的运动。

(3) 严重毁伤。自行火炮受到失去火力与失去机动的混合毁伤,或由于弹药爆炸、油料着火等原因受到严重毁坏或乘员伤亡,从而完全失去战斗力。

3. 目标毁伤等级

根据对自行火炮的毁伤任务,可把自行火炮的毁伤级别划分为两种:K级毁伤与C级毁伤。K级毁伤是指自行火炮被彻底击毁,并达到无法修复程度的破坏;C级毁伤是指自行火炮不能进行可控运动或武器丧失战斗功能,从而不能完成预定任务,且不能由乘员当场修复的破坏。

4. 目标毁伤指标

毁伤指标主要是看外形受损情况及毁伤等级,见表 4-2。

表 4-2 自行火炮类目标的毁伤标准

毁伤等级		轻度 0.00~0.20(平均 0.10)	中度 0.20~0.40(平均 0.30)	重度 0.40~0.60(平均 0.50)
毁伤任务		损伤	压制	瘫痪
效能检验评估	外形	分队能够自行修理损伤为轻1度,分队无法自修,伴随分队可修理的损伤为轻2度损伤	装甲部分受损,瞄准装置损伤,更换车轮或履带等需要支援修理分队修理的损伤	火力系统受损,需由前方修理所修理的损伤为重1度损伤,大架支撑弯曲,战场无法自修,需要后方基地修理的损伤为重2度损伤
	声音	声音有所放缓,片刻(约0.5h)后自动恢复	声音间歇性出现,约消失1h后,重新恢复	声音完全消失
	电磁信号	有通信的电磁辐射,并出现削弱现象	电辐射信号中断一段时间后重新恢复	电磁辐射信号突然消失后不再出现
战场毁伤评估		获得靠近弹,可见人员修理,继续行驶或发射	命中1~2发榴弹;1发穿甲弹或破甲弹;可见较多人员修理装备,不能行驶,可继续发射	命中2~4发榴弹;1~2发穿甲弹或破甲弹;后送或长时间停滞,不能发射,无人员修理
备注		战场火力毁伤评估通过光学观察或图片获得命中位置和弹数判定,命中弹数为期望值		

(二) 轻型装甲车

轻型装甲的类型很多,结构也多种多样,为了分析方便,选取国际上装备最多的最典型的轻型装甲目标,即俄罗斯的步兵战车 БМΠ-3 为例进行分析。

从总体性能来看,БМП-3步兵战车火力、机动、防护三大性能较均衡。БМП-3步兵战车的主要组成部分有装甲车体和炮塔、武器系统、火炮和供弹系统、装弹机、观瞄仪器、发动机及其附属系统、传动装置、操纵机构、行动部分、电器设备和通信设备、"三防"系统、灭火设备和伪装系统等,如图4-1所示。

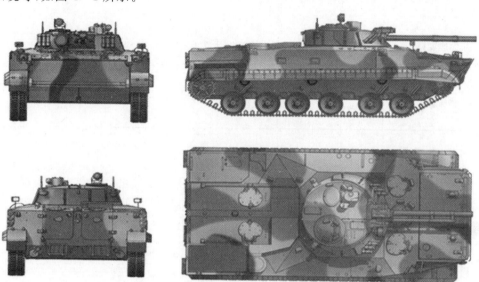

图4-1 БМП-3步兵战车不同视图

БМП-3步兵战车采用装甲钢全焊接结构,对轻兵器火力和炮弹破片有一定的抵抗能力,其各部分装甲厚度见表4-3。

表4-3 БМП-3步兵战车部分装甲厚度

部件	厚度/mm	部件	厚度/mm
车体前上倾斜装甲板	7(80°)	炮塔防盾	26(33°)
车体前下倾斜装甲板	19(57°)	炮塔前部	23(42°)
车体侧上装甲板	16(14°)	炮塔侧部	19(36°)
车体侧下装甲板	18(0°)	炮塔后部	13(30°)
车体车尾门装甲板	16(19°)	炮塔顶部	6
车后顶装甲板	6		

毁伤等级的建立与步兵战车的战术使用密切相关。步兵战车的主要功能:摩托化步兵(摩托步兵)用于行进和战斗的装甲车,可以提高军队的机动性,火力和人员对核爆炸的杀伤要素、常规兵器的火力以及化学和细菌武器的防护能力。能够使人员在有利条件下实施战斗,从而保障与坦克更加密切地协同动作。以机枪和火炮的火力支援摩托步兵的行动。由此可见,步兵战车主要任务是运载人员、坦克作战以及实施火力支援,基本功能是保护车内人员,具备一定火力、一定的机动性以及通信功能,若其中任意一种(或一种以上)功能被毁,则可视为步兵战车被毁伤。假设步兵战车的载员均不能操纵和控制车辆,可以将目标划分为5个功能子系统,即载员、机动性、火力、通信及乘员,在每个功能子系统内确定若干个毁伤等级。对于载员,以其数量损失的百分比确定毁伤等级。对于机动性,以其速度损失的百分比确定毁伤等级。对于火力系统的毁伤等级,可分为四级。对于通信系统的毁伤等级,可分为四级。此外,考虑

步兵战车乘员组的功能可将其毁伤等级分为四级。上述步兵战车的毁伤等级见表4-4。

表4-4 步兵战车的毁伤等级

功能分类	机动性	载员	火力	通信	乘员
毁伤等级	M0—无速度损失； M1—速度全部损失； M2—速度损失70%； M3—速度损失30%	P0—无载员损失； P1—载员全部损失； P2—载员损失70%； P3—载员损失50%； P4—载员损失30%	F0—无火力损失； F1—全部火力损失； F2—主要火力损失； F3—辅助火力损失	X0—无通信损失； X1—全部通信损失； X2—无外部通信； X3—无内部通信	C0—无乘员伤亡； C1—3名乘员全部伤亡； C2—2名乘员伤亡； C3—1名乘员伤亡

(三) 坦克装甲车辆

随着陆军机械化、装甲化和信息化的逐步发展以及装甲机械化部队合成化程度的不断提高,坦克装甲车辆的类型和品种也逐步增多,其结构大体类似,但具体情况有很多差别。在进行武装直升机弹药毁伤数据研究时,只能根据目前国际上最典型的目标,选取一种代表性的目标进行分析。

1. 目标防护特性分析

坦克目标一般由火力火控系统、动力传动系统、装甲防护系统和通信联络系统组成,实现火力、机动和防护三大功能或某种功能的一部分。

在装甲防护方面,现代的坦克多采用陶瓷复合装甲和披挂爆炸式反应装甲。陶瓷复合装甲是由薄、厚两层装甲板之间,夹有陶瓷+玻璃钢+橡胶的组合结构所组成。面层钢板厚度一般为20 mm,背面钢板厚度为80 mm,它们之间大约有100 mm的空间,填充陶瓷+玻璃钢结构+橡胶衬层的组合结构,并敷以一定的黏结剂。复合装甲主要用在坦克的前装甲,其面积尺寸为1 000 mm×1 200 mm。炮塔装甲也是复合装甲,大同小异,它们以焊接的方式与车体连接。各国的复合装甲有所不同,主要差别在于夹层的组合结构的不同。爆炸式反应装甲的常见基本结构是"三明治"式的三层结构。典型的爆炸式反应装甲的面板和背板均为5 mm,中间夹有5 mm或8 mm不等的低易损性炸药层,面积一般为240 mm×360 mm,其装在反应装甲盒体内,以与主装甲平行的角度依次并排装接在主装甲上,其背板与主装甲上表面的距离约为80 mm。对不同功能的爆炸式反应装甲,有的变换面板的厚度、装药夹层的厚度以及炸药的种类;有的在反应装甲盒体内用两层"三明治"基本结构,之间留有一定空间;有的将两层"三明治"基本结构以一定角度摆置在盒体内,再加上辅助的毁伤元结构。爆炸式反应装甲的结构改变,增强了其干射流侵彻体和动能侵彻体的能力。

坦克目标的毁伤是指坦克目标在遭受外界作用力时其某一功能或者某些功能的丧失。坦克目标的毁伤程度以坦克目标功能丧失的程度或者多少来评价,视其对坦克目标作战能力影响的大小来分析,也要考虑到其冗余功能的设计情况。坦克目标部件或分系统的毁伤,决定着坦克目标总体毁伤程度。坦克目标毁伤的影响因素包括反装甲战斗部的威力、装甲防护能力、命中的部位以及坦克目标各部件的毁伤概率等。坦克目标的毁伤程度,取决于坦克目标被某种弹药击中后各部件毁伤对坦克目标战斗力的影响程度,以及为恢复坦克目标功能而进行修复所花费的时间等综合因素。

2. 毁伤等级分析

坦克装甲车辆毁伤（或有效破坏）等级的传统划分方法是美国制定的关于装甲战斗车辆损坏程度的3个等级："M"级毁伤——坦克瘫痪，不能进行可控运动且不能由乘员当场修复的破坏；"F"级毁伤——坦克主要武器丧失功能，或是由于乘员无力操作，或是由于武器或配套设备损坏，不堪使用又不能由乘员当场修复；"K"级毁伤——坦克被击毁，达到无法修复程度的破坏。

（四）通信枢纽

通信枢纽是汇接、调度通信线路（电路）和收发、交换信息的中心，是综合利用各种通信手段并充分发挥其效能的一种组织形式。任务是负责建立和保持与各方向的通信联络，保障军队不间断指挥。通信枢纽配有相应的通信人员和各种通信终端设备、线路设备、交换设备、监控设备、供电设备以及其他通信工具，编组成电台群（集中台）、无线电接力通信站、散射通信站、卫星通信地球站、电话站、电报站、载波站、供电站、文件收发室、电报收发室、通信飞机降落场等要素，并在组织上和技术上构成有机整体。各级各类通信枢纽根据需要设全部要素或部分要素。

1. 目标详细分解

（1）目标组成及材质。通信枢纽主要包括通信人员、通信设备及发电设备、各种通信终端设备、线路设备、交换设备、监控设备、供电设备以及其他通信工具等。编组成电台群（集中台）、无线电接力通信站、散射通信站、卫星通信（见通信卫星）地球站、电话站、电报站、载波站、供电站、文件收发室、电报收发室、通信飞机降落场等。由此可见，通信枢纽实质上是指挥员保持不间断指挥的重要场所。其中，人员是通信枢纽的直接指挥和实施者，具有举足轻重的作用，其毁伤的难易程度主要取决于通信枢纽自身的防卫能力；设备是通信枢纽赖以发挥作用的物质基础和纽带，对设备的功能进行破坏是非常重要的，而设备要正常运转必须具备有线或无线的信号，所以这些通信设备正常运转的有线或无线信号对于其功能的丧失也具有重要的作用。因此，对人员、设备及空间进行毁伤是毁伤整个通信枢纽的手段。

（2）目标功能。通信枢纽主要完成建立和保持各个方向的通信联络。对通信枢纽的毁伤也就是使功能丧失或下降。功能的丧失主要包括破坏或迟滞通信网络的建立、通信质量受到干扰或下降，甚至通信联络中断。

2. 对目标的毁伤任务

根据通信枢纽的功能，可分析对通信枢纽这类目标的毁伤任务主要有阻碍、破坏、中断、干扰。阻碍主要是指在通信联络建立初期，利用必要的毁伤方式进行阻碍或延迟通信联络的正常建立。如：炮兵群通信枢纽的建立和展开正常需1 h，那么阻碍主要是使这个时间尽量延长。阻碍的时间可与战役战斗允许准备的时间为依据制定。时间的长短对应毁伤等级，即重度毁伤、中度毁伤和轻度毁伤。破坏主要是指对已建好的通信联络进行破坏。破坏的程度取决于功能的发挥程度，如完全破坏（功能完全丧失）、大部破坏（功能丧失50%以上）、中度破坏（功能丧失小于50%）和轻度破坏（功能丧失30%以下）；中断指通信联络失去通信功能，其程度主要取决于中断的时间。如中断 2 h 以上,可认为完全中断,属重度毁伤,不具备迅速修复功能;中断 1~2 h,可认为中度毁伤;中断 30 min 以内,可认为轻度毁伤;干扰是指对通信的质量进行干扰,使通信质量受到影响,其程度大小可分为重度干扰、中度干扰和轻度干扰。

3.目标的毁伤等级

毁伤等级主要有重度毁伤、中度毁伤及轻度毁伤 3 级。不同的毁伤任务对应的毁伤指标不同。对于阻碍来讲,其对应的毁伤指标有阻碍建立的时间值,单位为时、分、秒。指挥员可根据是否检测到通信信号的正常发送和接收来判断。从作战开始到检测到通信信号的时间,也就是阻碍通信枢纽建立的时间。时间越长,阻碍的程度越高。重度毁伤指阻碍建立 2 h 以上,中度毁伤指阻碍建立 1 h 以上,轻度毁伤指阻碍建立 30 min 以上。对于破坏来讲,可根据信号强度来判断。其不同毁伤程度对应的毁伤指标有:完全破坏——对应的指标是完全没有通信信号;大部破坏——对应的指标是通信信号严重削弱,信号的强度削弱一半以上;中度破坏——对应的指标是通信信号有少部减弱,其强度不足一半;轻度破坏——对应的指标是通信信号稍减弱,其强度变低。对于中断来讲,对应的指标是通信中断的时间值,单位为分、秒,可根据信号有无来判断。重度中断,无信号时间超过 2 h;中度中断,无信号时间在 1~2 h;轻度中断,无信号时间在 30 min 以上。对于干扰来讲,对应的指标是通信质量的下降程度,常用通信信号的质量是否正常来衡量,可根据信号失真程度来判断。重度干扰则信号严重失真,通信质量明显下降,基本不能完成通信;中度干扰指信号出现失真,通信质量受到影响,尚能完成通信;轻度干扰指信号失真度较弱,通信质量受到影响,但不影响通信功能。指挥员可根据检测到的信号质量好坏来判断受干扰的程度。

4.目标的毁伤指标

根据以上分析,武装直升机对通信枢纽的毁伤指标见表 4-5。

表 4-5 武装直升机对通信枢纽的毁伤指标

目标区分	毁伤任务	毁伤等级	毁伤指标
通信枢纽	阻碍	重度毁伤	阻碍建立的时间值超过 2 h
		中度毁伤	阻碍建立的时间值为 1~2 h
		轻度毁伤	阻碍建立的时间值为 30 min 以上
	干扰	重度毁伤	通信质量下降程度(信号失真度)非常明显
		中度毁伤	通信质量下降程度(信号失真度)明显
		轻度毁伤	通信质量下降程度(信号失真度)较弱
	中断	重度毁伤	未检测到通信信号的持续时间 2 h 以上
		中度毁伤	未检测到通信信号的持续时间为 1~2 h
		轻度毁伤	未检测到通信信号的持续时间在 30 min 以上
	破坏	重度毁伤	信号强度减小一半以上
		中度毁伤	信号强度减小一半
		轻度毁伤	信号强度有些减小

(五)雷达站

雷达站是架设雷达设备以执行雷达保障任务的场所,它主要由天线、工作室(或工作车)、地面询问机和电源车等组成。雷达天线通常都露天架设,发射机、接收机和显示器等一般都设置在工作室或工作车内。因此,研究雷达站,必须首先研究雷达天线、工作室或工作车等的识别特征,并了解雷达阵地的配置位置。

1. 目标特征分析

(1)雷达天线。雷达天线是雷达阵地的主要组成部分之一,也是在空中照片上判读雷达阵地的主要依据。雷达天线的类型很多,常见的有阵列式天线、抛物面式天线和引向式天线等几种。阵列式天线一般为长方形的栅架,长和高各约 2~16 m。抛物面式天线的形状较多,有圆形、椭圆形和截抛物面形等几种。圆形抛物面式天线,其直径大小不等,小的一般约为 1~3 m,大的可达 10 m 以上;截抛物面式天线的长度一般约为 4~12 m,高约为 1~9 m。引向式天线通常是由若干根金属棒平行排列而成的,金属棒的长度一般约为 5 m。相控阵雷达,其天线的形式有单面相控阵天线、双面相控阵天线和圆顶式相控阵天线等几种。

(2)工作室(工作车)和电源车。雷达阵地上都有雷达工作室或工作车,雷达工作室的面积不大,比较低矮,其顶部建筑形式有双坡面式、平顶式和拱式等几种;在永久性雷达阵地上,有时也构筑坑道式工作室,反映在空中照片上,其影像与坑道工事相同。工作室距天线的距离较近,一般都在 15~50 m 以内。雷达工作车是供移动式雷达使用的车辆,一般为有棚汽车或工作拖车。在阵地上,工作车通常停放在车辆掩蔽所内,有的和雷达天线在一起。电源车是用以供应雷达天线和工作室(工作车)的用电。有自行式和牵引式两种,自行式的外形和有棚汽车一样,牵引式的是一部长方形的车辆。雷达阵地通常配有一部或两部以上的电源车,停放在车辆掩蔽所或坑道工事。

2. 目标毁伤任务、毁伤等级与毁伤指标

对于雷达站的毁伤,若通过侦察卫星等获取目标毁伤图像,应通过分析雷达站的外观变化(是否有变形、倾斜、起火、冒烟、四周地面上是否有碎片等现象)评判雷达毁伤情况及毁伤等级;若通过电子侦察手段获取目标的电磁辐射信号特征,则应通过分析雷达辐射信号特征的变化(辐射信号强度是否降低、信号频率是否混乱等技术参数)评判雷达毁伤情况及毁伤等级。雷达站毁伤等级见表 4-6。

表 4-6 雷达站毁伤等级

毁伤等级	毁伤判据	
	光学侦察	电子侦察
摧毁	结构完全破坏,功能完全丧失,无法修复或失去修复价值	始终无电磁辐射信号
严重摧毁	天线支撑架折断,天线反射体面板卷曲,相控阵大部分阵元损坏,长时间内无法修复	电磁辐射信号强度下降 60%~80%
中度毁伤	天线反射体卷曲,雷达天线座倾斜,较长时间内无法修复	电磁辐射信号强度下降 30%~60%

续 表

毁伤等级	毁伤判据	
	光学侦察	电子侦察
轻度毁伤	卡式天线部分被击穿、天线反射体略有卷曲、相控阵雷达天线非关键阵元小部分损坏,防护罩表面烧蚀,部分辅助传输线路(如指挥调度线路)切断,较短时间无法修复	电磁辐射信号强度下降0～30%
未毁伤	结构完好,没有无法修复的迹象	电磁辐射信号无变化

三、有生力量类目标

有生力量即指人员,在战场上的主要功能是操作和使用武器装备,完成一定的作战任务。武装直升机需要重点打击的有生力量的种类有暴露步兵、空降兵、其他担负重要岗位的人员等。

(一)目标详细分解

1. 目标功能分析

暴露步兵的作用是对对方阵地进行冲击,消灭对方的有生力量;空降兵通常是为配合其地面或海上登陆作战而实施的;其他人员在战场上的主要功能是操作和使用武器装备,完成一定的作战任务。

2. 目标易损性分析

有生力量所处的环境通常直接暴露于战场上,或处在各种掩体内或车辆的舱体内,其自身的防护能力较差,属于软目标。凡具有破片、冲击波、热及核辐射或生物化学试剂作用的弹药,均可致人员伤亡。对于常规炮弹,其破片致伤是对付人员的最有效的手段,一般认为具有 78 J 动能的破片即可使人员遭到杀伤。冲击波对人员致伤主要取决于超压,当超压大于 0.1 MPa 时,可使人员严重受伤致死;当超压低于 0.02～0.03 MPa 时,则只能引起轻微挫伤。由于常规炮弹装填的炸药量较少,冲击波压力衰减极快,对人员的杀伤只能作为一种附带的效应来考虑。另外,常规弹药的热辐射对人员的伤害也是很有限的,而且大部分是由爆炸引起的环境火灾所致。

3. 目标恢复能力分析

一般人员在受到轻伤后,如在胳膊、腿等非致命的部位,一般需 0.5 h 后即可重新进入战斗。如破片击中头、心脏等致命部位,则一般不具备自我恢复能力,必须立即退出战斗。

4. 目标防御能力分析

目标的防御能力,一是主要体现在人员所在的位置和防护程度。如在指挥所里,则要具体分析指挥所的防护程度;如在装甲车里,则取决于装甲车的防护程度。二是体现在人员所携带的武器。对有生力量这类目标分析,主要应考虑人员的数量、所在的位置、暴露程度、防护程度、功能等因素。

(二)毁伤任务、毁伤等级和毁伤指标

对有生力量的毁伤任务、毁伤等级和毁伤指标见表4-7。

表4-7 有生力量的毁伤标准

毁伤任务		轻伤	压制	重伤
毁伤等级		轻度	中度	重度
		0.00~0.20(平均0.10)	0.20~0.40(平均0.30)	0.40~0.60(平均0.50)
效能检验评估		30%以下人员伤亡	30%~60%人员伤亡	60%~100%人员伤亡
战场毁伤评估	坚固工事内	命中位置距正面2m以上,5m以内,命中顶部	命中工事正面1发	命中工事正面2发
	暴露步兵	轻伤,能战斗;有能包扎处理迹象;火力瞬间减弱,但很快恢复正常	受伤,影响使用武器功能,火力减弱明显,明显有部分人员后送	重伤,严重影响使用武器,火力有较大程度减弱,仅有少部分火力;后送人员增多
	集结步兵	射弹在目标附近爆炸;人员出现混乱,很快恢复正常并隐蔽;有少量伤员救护	少数射弹在目标中间爆炸;人员较为混乱;有部分伤员原地救护	多数射弹落达目标;大部人员在爆炸瞬间倒地,其余人员四处逃窜;大量伤员滞留原地等待救护
备注		①坚固工事的判定描述根据某试验得出(122 mm以上口径、直射距离1 000 m左右)。②战场火力毁伤评估时,对于暴露有生力量个体的毁伤程度,根据光学器材或图像资料获得的人员活动情况直接判定;效能检验评估时,对于个体的毁伤判定,根据伤情测定评估,集群失能概率由计算得出。		

第三节 目标的选择与打击

目标选择与打击是一个选择目标、排列目标优先顺序、对目标作出恰当反应,以及充分考虑作战需求和能力的过程。通过对众多目标进行全面分析、对比,从中选取最应该和最适合打击的目标并进行排序,有助于在制定计划和作战行动中将直升机火力与其他联合效能进行整合和同步。

一、基本目的

正确选择打击目标,对取得作战胜利有着十分重要的作用。作战中,指标员及作战人员要系统地分析目标并排列目标的优先顺序,对目标实施合理的杀伤性或非杀伤性行动,最终获取特定的预期效果,实现作战目的,并理清作战需求、能力以及前期评估的结果。目标选择与打击的重点是,识别出敌方最难以承担的损失,或者对敌方能够产生最大效益的资源(目标),即

高价值目标。继而进一步识别目标系统中为实现己方胜利而必须获取或打击的子系统,即高回报目标。目标选择与打击将预设结果与行动和任务连接起来,有助于实现预期效果,实现指挥员的作战意图。但目标的选择仅靠定性分析是远远不够的,必须根据敌情、我情和战场环境,依据上级意图、作战任务、目标价值、目标结构和我方作战能力等要素,对敌方的目标体系进行整体分析,找出其关键所在,从目的性、价值性、可行性、主动性等几个方面进行综合比较,才能正确地选择打击目标。选定的打击目标通常应当既是敌之要害,又便于我摧毁和达成作战目的,在作战过程中,还要根据情况的发展变化,及时调整打击目标。参考美军《联合目标条令》,目标选择与打击是联合作战计划制定过程的有机组成部分,并且在作战或突发作战计划、作战命令和不完全命令的发布过程中持续进行,有助于在作战目的和作战任务之间建立连续的关系。根据目标出现与打击时机,可将目标分为计划性和动态性两类(或称之为预先规划目标和机会目标),如图4-2所示。时机是决定利用计划性还是动态性目标选择与打击方式来满足指挥员需求的基本要素。

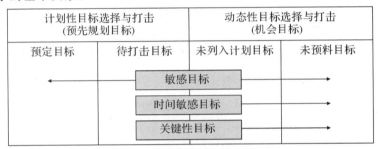

图4-2 目标选择与打击和目标的分类

二、目标选择原则

目标选择应当综合考虑作战任务、目标价值、敌防空兵对我威胁情况和直升机火力打击能力等因素,通常应选择能达成最大攻击效果而其他军兵种又不易突击的目标。通常重点考虑如下因素:在诸多战场目标中,最适宜使用直升机实施空中攻击的目标;在多个适宜直升机空中攻击的目标中,其他火力特别是炮兵火力难以消灭或难以有效压制的目标;目标附近敌防空兵力部署情况及其对直升机空中攻击行动的影响和威胁程度;目标区附近及直升机航线沿途有无可供利用的隐蔽地形;等等。

(一)依据上级作战意图

作战意图是指挥员组织实施作战行动的依据,通常规定作战目标和作战任务,同时也是影响目标选择的重要因素。通常每一次战役或战斗都有一个总的作战意图,不同的作战阶段也有各自不同的作战意图,而在不同的作战意图下,武装直升机通常担任不同的火力打击任务,选择打击什么目标、不打什么目标、打击多少目标、什么时候打、打到什么程度时,都要紧紧围绕上级作战意图和上级赋予的火力打击任务来展开;同样,所选择确定的火力打击目标的种类和数量,都要有利于作战意图的实现和打击任务的完成,否则就会导致作战行动的失利,影响作战进程的发展。

(二)遵循目标价值规律

目标价值是指目标在敌作战体系中所处地位的重要程度、所能发挥作用的大小,以及目标遭火力打击后对作战进程影响的程度。遵循目标价值规律是指在选择火力打击目标时,必须选择具有较高价值或优先选择价值较高的目标。在作战过程中,面对众多的需要武装直升机打击的战场目标,所能提供的火力打击力量通常会显得不足。在该种情况下,为了确保作战进程按预定方向发展,应尽可能提高火力的综合打击效果,而要提高火力综合打击效果的最为关键的一步是要优先选择价值高的战场目标。比如,现代陆战场需要火力打击的战场目标形形色色、多种多样,目标性质不同、功能有别,目标价值和地位也是有区别的,所以在组织对战场目标进行打击的过程中,打谁不打谁,先打谁后打谁,都要根据作战意图的需要,依据目标的价值来确定。

目标价值的高低通常主要通过以下两方面来体现:一是对我方威胁大的目标。在作战过程中,敌我双方都会保证己方重要目标不被对方打击和选择对己方威胁大的目标作为优先打击的对象,比如防空阵地、导弹阵地等。二是能严重削弱敌方战斗力的目标。这些目标通常是敌作战体系中起支撑作用的目标,遭火力打击后能起到"牵一发而动全身"的作用。一般情况下,价值大的目标、对全局影响大的目标、对我威胁大的目标应优先选择和打击。为此,在选择打击目标时,应从整体上把握目标在敌整个作战体系中的地位作用,分析其价值,选择对实现作战意图最有价值的目标予以打击,以提高火力打击效能。另外,在选择打击目标过程中还应注意到目标价值的动态变化性,即使是同一性质的目标,在不同的作战阶段和作战地域,其重要程度也不尽相同。因此,在遵循目标价值规律时,要适时考虑作战进程的发展可能给目标价值带来的变化,并根据不同作战阶段的实际特点和任务需要灵活选择打击目标。

(三)与火力打击能力相一致

在作战中,参战的火力打击力量通常是有限的,经常会产生打击能力与作战需求之间的矛盾。在此种情况下,必须尽量做到分配的目标要与武装直升机打击能力相一致。火力打击能力是部队遂行火力打击任务的客观条件,由人员和武器装备的数量、质量和部队编制体制的科学化程度等因素综合决定。直升机火力打击能力是其完成作战任务的重要基础,火力协调人员在分配火力打击目标时,必须考虑武器装备的数量、质量及参战部队规模和编制情况等,使最终选择确定的火力打击目标的数量和种类与其火力打击能力相协调,以充分发挥直升机火力打击效能,就是要做到"量力而行,因力而战",即在同一时间内,只能赋予直升机火力打击力量与其武器数量、质量和打击能力相适应的火力打击任务,不应超出火力打击能力,使其无法执行或完成作战任务。实际作战中,直升机火力平台不仅种类多、数量大、性能各异,而且不同平台对不同性质、不同距离上的目标的毁伤能力也是不一样的,因此,给直升机分配多少目标、分配什么样的目标,在很大程度上取决于火力的数量、质量和打击能力。为此,在分配打击目标时,既要立足于实际作战需要,又要坚持力所能及,必须科学评估目标和直升机的打击能力,着眼发挥直升机的优长,使目标分配建立在可靠的火力打击能力之上。

三、打击目标排序

目标选择与打击周期通常分为目标最终状态和指挥员的作战目的、目标整编和排列优先顺序、能力分析、指挥员决策和兵力部署、任务计划和部队行动、目标选择与打击效果评估六个阶段,各阶段相互关联。目标选择与打击评估过程能够帮助指挥员确定目标选择与打击方式是否朝着完成最终任务、实现作战目的的方向前进,要评估战斗毁伤、弹药效果等。

(一)装甲目标

装甲目标主要是指各种坦克、自行火炮和步兵战车(输送车)等有装甲防护的武器装备,是直升机火力打击的主要目标。基本特点是:目标幅员小,目标搜索难度大;数量大,现代战场上坦克及各种装甲车辆大幅度增加,据统计装甲目标的比例高达70%;有较强的装甲防护能力,需要武器系统具有很强的装甲摧毁能力;有较强的机动能力,受到炮击后容易机动,停留时间不会太长。装甲目标的这些特点对打击火力的反应能力、火力机动能力及火力打击精度等方面的要求比较高。综合多方面因素,优先考虑对装甲目标实施打击是最佳选择。[1]

(1)目标侦察能力强。武装直升机通常视野比较宽,而且装备了目标搜索雷达和夜视头盔,能够在夜暗、灰尘和其他能见度不良的情况下,在较大范围内及时发现敌坦克和机械化部队的行动,能较快侦测出敌掩体内或经过伪装的装甲目标,并立即予以攻击和摧毁。

(2)武装直升机具有优越的飞行性能。同地面反坦克武器相比,具有时间上的快速性和飞越地面障碍物的高度机动性,可以不受各种障碍物和复杂地形的限制,跨越崇山峻岭、海峡湖泊、工程障碍等障碍物进入目标区域对敌目标实施攻击,因而能在较广阔的战场上的任何指定地点迅速集中和展开,不失时机地对敌装甲目标迅速做出反应和实施有效攻击。

(3)机载反坦克导弹的命中精度高。机载反坦克导弹多采用激光末制导、毫米波制导技术,通常具有很高的命中精度。据报道,美军AH-64武装直升机实施导弹攻击的命中率高达90%以上;叙以战争中,以色列出动武装直升机134架次,发射"陶"式反坦克导弹137枚,命中99枚,命中率为72.6%。国外研究认为,在预有准备的情况下,机载反坦克导弹平均命中率可达75%以上。

(4)破甲威力大。武装直升机机载反坦克导弹能摧毁各种现代化主战坦克,机载火箭和航炮也能够有效地击穿各种步战车和其他轻型装甲车辆的装甲。反坦克导弹的破甲厚度一般在500 mm以上,有的甚至达到800~1 300 mm。同时,武装直升机机动速度快、动作灵活、行动隐蔽、可供选择的攻击方法多,能够根据装甲目标的位置和状态灵活选择有利的攻击方向、时机、高度和攻击角度,从空中对敌装甲目标防护薄弱的顶部和翼侧实施攻击,能大大提高各种机载武器的破甲威力和效果。

(5)作战效费比高。国外大量实验证明,在武装直升机与坦克的对抗中,各被击毁的概率比为1:12~1:19,作战效费比高显而易见。例如,某型武装直升机每架可以一次最多挂载8枚红箭-8反坦克导弹,一个编制6架武装直升机的飞行连队出动一次,按命中率75%计算,可以摧毁敌装甲目标36个,能使敌将近一个坦克营丧失战斗力,相当于4个反坦克炮兵营的

---

[1] 郝政利.陆军航空兵战术.北京:陆军航空兵学院,2001.

火力。

(6)优先使用直升机火力攻击敌装甲目标已经过外军实战检验并取得了理想的战绩,值得借鉴。经过越南、中东、两伊、海湾、伊拉克等局部战争的考验,充分证明武装直升机是反装甲目标最有效的武器装备。例如,越南战争后期,美军仅用2架实验用的UH-1B直升机就攻击并摧毁了坦克21辆、装甲车61辆;海湾战争中,1991年3月2日,美军第24机械化步兵师的一个武装直升机营,一次出动就击毁伊军坦克84辆、防空系统4个、火炮8门、轮式车辆38辆。因此,西方各国都把武装直升机列为反装甲火力配系的主要要素,主要负责攻击4 000 m以外的装甲目标,根据需要也可以攻击4 000 m以内的装甲目标。美军反坦克武器火力配系[①]如图4-3所示。

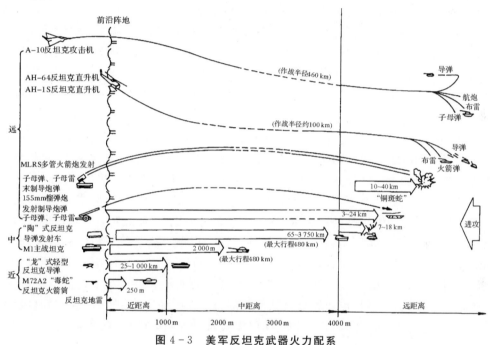

图4-3 美军反坦克武器火力配系

(二)指挥车辆

指挥车辆是指装载有指挥信息系统,专门用于指挥人员实施指挥的各种车辆,主要特点是具有较强的机动性,且通常隐蔽配置。这类目标受到打击后会迅速实施机动,或者本身就处于不断的机动之中,炮兵火力对于这类目标实施火力打击的效果不是很理想,一般很难给予彻底摧毁,或根本就对其无法实施火力打击;而直升机机动灵活,反应速度快,可以对地面机动目标实施快速跟踪、快速瞄准和快速全方位空中火力攻击,这是其他兵种尤其是炮兵难以媲美的。

(三)反斜面目标

反斜面目标是指配置在各种障碍物背向敌斜面上的目标,主要特点是目标配置在各种障碍物背向,如高山的反斜面一侧,处于炮兵火力最低有效弹道弧线以下,难以用正面炮兵火力

---

① 文裕武,温清澄.现代直升机应用及发展.北京:航空工业出版社,2000.

给予打击。对于这类用正面火力,尤其是炮兵火力难以打击敌反斜面目标,武装直升机具有优越的飞行性能,可以不受各种障碍物和复杂地形的限制,跨越崇山峻岭、海峡湖泊、工程障碍等各种障碍物,对敌配置在其反斜面的目标实施攻击或利用山谷、沟壑等有利地形迂回穿插到障碍物侧面或障碍物后面对反斜面目标实施攻击。

(四)敌纵深重要目标

敌纵深重要目标是指处于己方炮兵火力(远火除外)射程之外的敌方纵深内重要目标,主要包括敌远程火炮、指挥所、通信系统、防空阵地、战役战术导弹阵地、交通枢纽以及机动预备力量等目标。其特点是目标配置在敌纵深,离我方前沿阵地比较远,处在绝大部分火炮射程之外;目标价值比较高,是必须优先选择并予以打击的重要目标。

(1)武装直升机火力打击范围大。虽然武装直升机机载武器的射程通常为 2~10 km,但其飞行航程比较大,一般的武装直升机都具有 400~800 km 飞行航程,作战半径通常为 100~250 km,最大可达 400 km 左右,因此火力完全可以对敌纵深 200 km 以内的目标实施攻击。

(2)突防能力好。武装直升机要深入敌纵深攻击目标,必然要面临敌防空火力的威胁,因此直升机突防能力在很大程度上制约着其纵深攻击能力。突防能力是指武装直升机在遂行任务过程中,克服敌防空兵器抗击的能力,主要取决于武装直升机的飞行性能、隐形性能、电子对抗能力和突防战术的运用等。由于军事技术的发展和直升机优越的飞行特性,武装直升机通常具备较强的突防能力。在技术上,武装直升机可以通过各种电子干扰设备对敌雷达实施干扰和采用光学、雷达、红外及声学隐形技术来有效降低被敌雷达发现的概率,或者利用电子诱饵和红外诱饵欺骗敌防空导弹的制导装置,使导弹偏离我机,提高武装直升机的突防概率。在战术上,由于雷达对低空特别是超低空目标的探测能力与中、高空目标相比有很大的差距,通常发现距离比较近,预警时间比较短,还容易产生探测盲区。武装直升机可以凭借其优越的低空超低空飞行性能钻山沟、掠地飞行,以有效利用复杂的地形条件和敌雷达低空盲区,选择隐蔽的突防航线,避开敌雷达探测或缩短其预警时间;即使被敌雷达发现,武装直升机也可以利用复杂的地形、地物进行掩护,特别是利用无线电波难以穿越的山林、森林等,迅速躲避雷达的跟踪和监视。

(3)机载武器搭配方案多,能满足多种作战需求。武装直升机常用的机载武器有导弹、航炮、火箭炮和机枪等,可以根据纵深攻击作战任务的需要,挂载一种或多种机载武器对敌纵深内多种目标实施有效的摧毁和压制。比如挂载反坦克导弹,可以对地面永备工事、坚固建筑物或其他重要坚固目标实施精确打击和摧毁;挂载反辐射导弹,可以精确摧毁敌侦察、预警、雷达和通信系统;挂载火箭炮,可以对敌纵深内暴露步兵、支撑点、炮阵地等面目标实施大面积杀伤和压制;挂载航炮,可以消灭敌纵深内集结的有生力量;混合挂载反坦克导弹、火箭和航炮,就可以对地面多种目标进行攻击。

(4)选用武装直升机深入敌纵深目标区对敌重要目标实施攻击,针对性强,毁伤效果好。对敌纵深内重要目标实施的火力打击行动事关作战全局,带有很强的针对性,通常要求打击行动能够取得预期的毁伤效果。由于射击精度和射程的限制,炮兵火力很难满足上述要求,而武装直升机火力则恰好可以弥补炮兵火力的缺陷,对敌纵深内重要目标实施有针对性的攻击行动,并能取得很好的毁伤效果。根据俄军实验概算,摧毁典型战场目标所需要的陆航兵力和可达到的毁伤程度为:武装直升机单机一次出动,可以摧毁雷达站的 61%;双机出动一次,可摧毁一个防空导弹阵地的60%,或一个行军中的摩托化步兵连的50%,或一座桥梁、渡口的50%;3架出动一次,可以摧毁一个排支撑点或一个反坦克排的60%;4架出动一次,可以摧毁一个战役战术导弹连阵地的90%,或一个起降场上的直升机连的50%,或一个集结地域的摩托步兵连的50%;6架编制的武装直升机中队出动一次,可以摧毁一个自行榴炮连的90%,或一个集结地域的坦克连的50%,或一个师、旅指挥所的50%。[1]

---

[1] 郝政利. 陆军航空兵战术. 北京:陆军航空兵学院,2001.

第五章 直升机机载武器弹药威力

对武器弹药的威力评估,首先应分析弹药与目标即"弹"与"靶"两种因素的相互作用问题。同时,对其毁伤的效果,还应该用"毁伤判据"来衡量和判定。因此,一个威力评估的命题,涉及的是一个"弹-靶-判据"的组合。弹对于靶的毁伤作用,主要依靠弹药的终点效应,不同的弹种对不同目标质地和结构,均具有不同的终点效应。

第一节 机载武器及弹药概况

武装直升机机载武器系统是直升机上的武器和弹药、装挂和发射装置、火力控制系统等组成的综合系统,是直升机用于攻击、摧毁目标的装备的总称,包括航空自动武器(航空机关炮/航空机关枪)、空空导弹、空地导弹、航空火箭弹、航空炸弹、航空鱼雷和水雷等七大类,可以通过各型装挂和发射装置,在火力控制系统的配合下完成作战任务。从发展上看,直升机武器系统伴随着军用直升机的诞生而出现,随着战争的需求、技术的进步而发展。20世纪40年代美国陆军在R-5直升机上加装29 mm航炮,英国在R-5直升机上加装雷达和深水炸弹,联邦德国在Fa-223直升机上加装7.92 mm MG-15机枪;20世纪50年代后,美国在直升机上加装火箭弹和枪榴弹发射器,法国在直升机上加装SS-10和SS-11反坦克导弹;20世纪七八十年代,一些国家研制的专用武装直升机装备了机枪、航炮、火箭、反坦克导弹等武器和昼夜火力控制系统;20世纪90年代以后,直升机装备了搜索识别装置、组合导航系统、火控雷达等多种目标传感器,挂载多种武器,可执行多种任务,具备全天候和复杂气象条件下的作战能力。米-28可挂载8枚SA-14改进型空空导弹,可在低空、超低空有效攻击3~6 km范围内的敌方武装直升机,并能在低空拦截飞机和巡航导弹;卡-50可挂载R-60近距和R-73中距红外制导空空导弹;美军在OH-58D"奇奥瓦勇士"可以在两侧挂架上挂载FIM-92"毒刺"空空导弹发射架(2联装)为AH-64"阿帕奇"护航。武器系统按控制方式,分为制导武器系统和非制导武器系统;按攻击方式,分为空对地武器系统和空对空武器系统。武器和弹药用于直接杀伤、破坏空中、地面和水面(下)的各种目标,包括七大类武器及弹药;装挂和发射装置用于把武器和弹药装挂在直升机上,并确保其正常工作和投射,包括导弹发射装置、火箭发射装置、鱼雷发射装置、水雷发射装置和随动装置;火力控制系统用于搜索、识别、跟踪和瞄准目标,控制武器和弹药的投射方向、时机和密度,使其命中目标,包括目标参数探测系统、载机参数测量系统、火控计算机、综合显示控制系统、武器外挂管理系统、数据传输设备和视频记录设备等。

直升机武器系统诞生不足百年,历经许多战争洗礼。战争对直升机武器系统的运用方式和研制需求起了非常关键的推动作用,层出不穷的新技术、新理论又进一步推动其运用模式和战法手段的创新。目前,随着新技术的发展及应用,机载武器的射击精度、射程、威力、态势感知能力、抗干扰能力都在发展。一是高效能,即除提高武器本身的性能外,还重视开发武器、火控系统、载机的综合化技术,全面解决武器的安装悬挂、瞄准控制和发射投放等问题,保证武器-直升机-飞行员之间的适应性,从而充分发挥作战效能。二是系列化,即遵循渐改途径,有针对性地对加载武器基本型进行局部更改,从而形成一个气动外形和结构布局基本相同,但性能有一定差别的武器系列。三是武器模式化,即运用现代科学技术,特别是运用微处理数字技术改造现有武器,使武器模式化水平不断提高。如美国早期的"灵巧炸弹",就是由普通炸弹加装激光、红外、电视导引头而构成的,它们是模式武器的雏形。四是通用化,是简化后勤保障、充分利用现有武器并扩大其使用范围的有效途径,关键是要实现武器-直升机-飞行员之间硬/软接口的标准化。五是智能化,主要在火力控制系统中运用现代控制理论、计算机技术、人工智能技术等,提高武器智能控制水平。

一、机载自动武器

军用直升机上使用的能自动连续射击的武器,是直升机上使用最早和最广泛的一种武器,包括航空机关炮和航空机关枪。机载自动武器是直升机空对空作战和空对地攻击的主要武器,能够不受载机姿态限制,为载机提供持续火力。

早期,将地面自动武器装在直升机上,射击和瞄准方式与地面相同,只是在机上装有快卸式自动武器固定装置。越南战争以后,固定翼飞机上使用的航空自动武器在直升机上得到了广泛应用,成为直升机攻击地面有生力量、轻装甲目标甚至坦克的有效武器,具有射击精度较高、费用低、可重复使用等特点。但由于固定翼飞机上使用的自动武器是针对空中高速运动目标设计的,具有高射速的特点,不完全适应地面目标数量多、分布广、性质杂和速度小的特点。为适应武装直升机的要求,美国于1942年开始研究和设计装备R-5直升机的口径为29 mm的航炮,1969年研制出口径为20 mm的3管M197型航炮,射速为400~1 500发/min,初速为1 036 m/s,质量为66.5 kg。20世纪70年代初期,美国休斯公司为AH-64"阿帕奇"武装直升机专门研制的口径为30 mm的M-230A1式链式航炮,利用外部动力装置驱动工作,射速可调且可打单发,射速范围在1~750发/min,初速为808 m/s,质量为55.9 kg。链式航炮使武装直升机有了真正意义上的机载自动武器。

机载自动武器具有结构紧凑、重量轻、电气化操作简便迅速等特点,口径多为7.62~30 mm。按口径大小,分为航空机关炮和航空机关枪,口径等于或大于20 mm的是航空机关炮,简称航炮;口径小于20 mm的是航空机关枪,简称航枪。航炮按其结构特点,可分为单管式、转膛式和转管式三种,航枪的工作原理、结构与航炮基本相同。①单管式航炮,由一个炮管和进弹、击发等机构组成,利用击发炮弹后产生的火药气体能量推动各机构工作,自动完成开膛、抽壳、抛壳、进弹、锁膛和击发等射击循环动作,射速多为800~1 800发/min。②转膛式航炮,由一个炮管和可转动的鼓轮(上有4~6个弹膛)及进弹机构等组成,利用射击时引导出少量火药气体使鼓轮转动,每射击一发,鼓轮转动一个角度,各弹膛在其他机构的配合下同时完成不同的动作,依次装好弹后对准炮管击发,射速为1 000~1 700发/min。其缺点是炮身的体积和重量较大,各弹膛与炮膛的结合部密封难,易泄漏出高温高速火药气流烧蚀、污染航炮构件。③转管式航炮,由 3~7 个炮管和相应的机心组成,射击时外部动力装置(电动机或液压马达)作用于转轮带动各炮管绕炮身轴线高速旋转,各机心上的滚轮在炮箱上的螺旋槽内运动,炮管旋转一周,机心前后往复运动一次,完成连续射击动作,每根炮管在相同的位置上射击一次,射速为 1 500~6 000发/min。其优点是工作可靠,射击前不用预先装弹上膛。但炮弹在发射过程中与炮管同转,使弹道性能比单管式和转膛式差,增大了射弹散布,影响单发命中精度。直升机机载自动武器的发展趋势是重量减轻,初速提高,后坐力减小,口径稳定在 20~30 mm;采用通用弹药,以及穿甲效能好的铀芯弹和钨芯弹。

二、机载火箭

机载火箭亦称直升机航空机载火箭弹,是从直升机上发射,以火箭发动机为动力的非制导弹药,主要用于打击地面或水面的非装甲目标、轻型装甲目标和有生力量。第二次世界大战期间,美、苏、德、英等国的作战飞机都装备机载火箭,用于攻击空中目标。20 世纪六七十年代,在越南战场上,美军在直升机上大量配装火箭弹。到 20 世纪 80 年代初,航空火箭弹的战斗部有了多种形式,如杀伤爆破弹、破甲弹、多用途子母弹、烟幕弹、照明弹、干扰弹、箭霰弹等。现代武装直升机主要使用 57 mm、68 mm、70 mm 和 80 mm 等口径的火箭弹,有些重型武装直升机还可装备更大口径的航空火箭弹,像俄罗斯的卡-52、米-28N、米-24 均可装备 90 mm、122 mm,甚至 240 mm 口径的火箭弹。我军各型直升机主要装备 57 mm 和 70 mm 口径火箭弹。

机载火箭按用途,可分为空空火箭、空地火箭以及空空、空地两用火箭。机载火箭与航空自动武器相比,威力大、射程远;与机载导弹相比,机载火箭价格便宜,但散布大、命中精度低。机载火箭射程通常为 2 000~6 000 m,最大速度为 2~3 倍的声速。机载火箭由引信、战斗部、固体火箭发动机和稳定装置组成。引信用来适时引爆火箭战斗部,通常位于战斗部的前端;战斗部位于弹的前端,内装猛炸药,并装有引信,用来直接摧毁各种目标;固体火箭发动机是火箭弹的动力装置,产生火箭弹向前飞行的推力;稳定装置用来保证火箭弹稳定飞行,提高射击准确性。火箭弹与火控装置、发射控制装置配套使用,可实施单发、连发射击或齐射。中小型弹径的火箭弹多装在火箭发射器的发射管内发射,一个火箭发射器一般有 4~32 个发射管,一架直升机一般携带 2~4 个火箭发射器;大弹径的火箭弹一般采用滑轨式发射。在战争需求和技术推动下,直升机机载火箭的发展趋势是采用先进的固体冲压火箭发动机技术,以增大射程;采用倾斜安装的尾翼片、螺旋导轨、微推偏喷管等技术措施,使火箭弹绕自身纵轴旋转和尾翼(片)延时张开、同时离轨、变加速度以及被动控制等,提高火箭弹的命中精度;具备自动跟踪功能并向精确制导方向发展。

三、机载空地导弹

机载空地导弹是以直升机为发射平台,用于攻击地面、水面目标的导弹。机载空地导弹主要是将车载和便携式反坦克导弹,通过适应性改造挂装在武装直升机上,并根据目标类型将战斗部功能系列化而形成的机载导弹,是武装直升机的主要武器之一。多数空地导弹用于打击坦克等装甲目标,因此空地导弹多为反坦克导弹。

法国于20世纪50年代把AS-10和AS-11反坦克导弹装备在CH-21和CH-34直升机上,用于攻击悬崖下岩洞内的目标;美国于1975年将"陶"式反坦克导弹装备在"眼镜蛇"AH-1S武装直升机上,后陆续为AH-64D"长弓阿帕奇"武装直升机装备了"长弓-海尔法"反坦克导弹(见图5-1);法、德两国1980年将"霍特"导弹装备在"小羚羊"武装直升机上;美国于1985年将更加先进的"海尔法"AGM-114B导弹装备在AH-64"阿帕奇"武装直升机上;苏联于1990年将激光半主动制导的"漩涡"(俄罗斯编号为9K121,北约代号AT-16)反坦克导弹装备在卡-50、卡-52武装直升机上;英、法、德等联合研制了"崔格特"反坦克导弹等;我军多种型号直升机可挂装第二代有线指令制导和第三代激光半主动制导的空地导弹。现在的机载反坦克导弹射程通常为3~10 km,有的可达25 km;飞行速度为1~2倍声速,最大飞行速度可达5~6倍声速;质量为数十至数百千克,命中概率可达90%以上,静破甲深度为500~1 400 mm。

图5-1 "长弓-海尔法"反坦克导弹

机载空地导弹与航空炸弹、航空火箭弹等武器相比,具有视野宽、速度快、机动性强以及射程远、威力大和命中精度高等特点,能从敌方防空武器射程以外发射,可减少地面防空火力对载机的威胁,但造价高,使用维修复杂。按制导方式,分为遥控制导、寻的制导和复合制导机载空地导弹。机载空地导弹由战斗部、制导装置、动力装置和弹体等组成,与观瞄装置、制导装置、发射装置、发控装置和其他设备一起组成空地导弹武器系统。筒式发射的导弹平时储存于包装筒内,作战时,筒装导弹装在发射架上,包装筒作为发射筒使用;架式发射的导弹无发射筒,直接装挂在发射架上发射。多数导弹采用聚能破甲战斗部,为对付反应装甲,有的导弹采用了两个串联的聚能破甲战斗部,称为串联聚能破甲战斗部,超高速导弹则采用高速动能穿甲弹。遥控制导导弹的制导装置,由敏感装置、放大变换器和执行机构组成,用于测定导弹飞行姿态的基准信号并将其传至直升机上的控制设备,经处理并放大后驱动执行机构控制导弹飞行;寻的制导的导弹,由导引头感受目标辐射或反射的能量测量导弹-目标相对运动参数,形成相应的导引指令控制导弹飞行。动力装置为固体燃料火箭发动机,多采用单发动机,也有的采用双发动机。弹体是具有一定气动外形的壳体,其功用是将导弹各部分连成一个整体。

随着制导技术、高效弹头技术的发展,现代直升机机载空地导弹的射程、精度和威力等都有大幅提升。采用激光制导、红外制导、毫米波制导、光纤制导以及多模制导等先进制导技术,提高制导精度;采用串联聚能装药破甲战斗部和高速动能穿甲战斗部,提高破甲威力;采用模块化结构多功能战斗部,实现"一弹多用"。

四、机载空空导弹

机载空空导弹是以直升机为发射平台,用于攻击空中目标的导弹,是直升机的主要空战武器,各国都非常重视,如侦察直升机 OH-58D 装备的"毒刺"导弹,射程约 5~6 km,能实现发射后不管。美国于1978年研制专门用于直升机的 ATAS 导弹,采用红外/紫外双色导引头,弹长1.52 m,弹径70 mm,发射质量为10.1 kg,爆破杀伤战斗部,最大射程为4.5 km,可拦截1 m至大约3 800 m高度范围内的目标。俄罗斯"射手"R-73(见图5-2)于1987年服役,装备于卡-52等武装直升机上,弹长2.9 m,弹径0.7 m,弹重105 kg,采用主动雷达或激光引信,战斗部为7.4 kg连续杆,射程30 km。俄罗斯"射手"R-73在发射前以45°离轴角锁定目标,进入飞行状态后能跟踪离轴角为75°的目标。法国于1986年开始研制"西北风"导弹的空空型(即 ATAM),1990年在法国 SA342M"小羚羊"直升机上第一次进行发射试验,1991年海湾战争中首次投入使用,1994年正式装备法国陆军的武装直升机。

图5-2 "射手"R-73 空空导弹

机载空空导弹根据导引方式,可以分为红外型空空导弹、雷达型空空导弹和多模制导空空导弹。空空导弹具有准备时间短、机动能力强、飞行速度快、末制导精度高、抗干扰能力强等特点。空空导弹由制导装置、战斗部、弹体、动力装置等组成,与火控系统、发射装置及检测设备等一起组成空空导弹武器系统。制导装置用于控制导弹按确定的导引规律飞向目标,构成随制导方式而定,主要有遥控、自动寻的和复合制导等制导方式;战斗部用于摧毁目标,一般为爆破战斗部或杀伤战斗部;弹体按气动布局的不同,分为鸭式和正常式;动力装置用于产生推力推动导弹飞行,通常为单级或两级固体火箭发动机。

经过多年的发展,无论是直升机空战模式还是空战武器都取得了长足的进步。然而,光电对抗技术以及新的作战需求使现有直升机机载空空导弹作战效能越来越低,同时直升机空战中"先敌发现、先敌发射、先敌命中"原则使得现有直升机机载空空导弹已不能完全有效控制低空及超低空,未来直升机机载空空导弹应具备全天候作战能力、全向攻击能力、抗干扰能力、目标识别能力、空中格斗能力和多目标攻击能力。

第二节　弹药终点效应

一、弹药终点效应分类

弹药的终点效应,是通过弹药在外弹道终点所产生的毁伤元件、毁伤因素对目标结构和功能的毁伤作用而体现的。表 5-1 中列出了直升机常用的各种弹药及其产生的毁伤元件与毁伤因素,以及各种元件(因素)形成的终点效应种类(表中,符号"●"为各种弹药产生的毁伤因素或毁伤元件的选项符号;"○"为各种毁伤元件和毁伤因素的终点效应选项符号)。

此外,常规机载弹药的终点效应及其毁伤作用,按对目标的物质、精神或信息方面所造成的损伤来划分,可分为"硬毁伤效应"和"软毁伤效应"两种。前者是弹药对目标的物质毁伤作用,后者是弹药对目标的精神或信息方面所造成的损伤作用。在机载弹药中,通常以装备硬毁伤(杀伤)效应的弹药居多,但即使是硬毁伤(杀伤)弹药,也可能附带具有一定的软毁伤功能。

表 5-1　机载弹药终点效应

终点效应							毁伤因素或毁伤元件	弹药类型				
燃烧	爆破	爆轰	破甲	穿甲	侵彻	杀伤		杀伤弹	爆破弹	燃烧弹	穿甲弹	破甲弹
○	○		○	○			整体弹丸		●	●	●	
				○	○	○	破片	●	●	●		
				○	○	○	钢、钨球	●				
		○					爆轰波		●	●		●
○		○		○	○		金属射流					●

二、弹药战斗部类型

(一)枪弹和炮弹

现役的典型航炮有 20 mm、23 mm、25 mm、27 mm、30 mm 口径。12.7 mm 航空枪弹主要有穿甲燃烧弹、穿甲燃烧曳光弹、钨芯脱壳穿甲弹等,23 mm 和 30 mm 航空炮弹主要有杀伤燃烧弹、杀伤爆破燃烧弹、穿甲燃烧弹、穿甲燃烧曳光弹各种类型。美国有 20 mm 贫铀穿甲燃烧弹、半穿甲爆破燃烧弹,俄军有 30 mm 航空曳光穿甲弹等。这些弹药可对各种地面和空中目标进行打击,有的可直接穿透装甲,有的在炸药爆炸区域形成超压和冲击波。

爆破弹药在炸药爆炸时以爆炸区域内的超压和冲击波直接作用于目标。爆破弹药的作用由炸药的特性、重量和弹自身的结构特点决定。在设计爆破弹药时,应尽可能多地安装炸药,所以它的主要结构特性是填充系数 a，有 $a=$ 炸药重量 G_Y/战斗部重量 G_Z。由于枪炮弹在发射时载机要承受很高的过载和底部压力，这是限制系数 a 增长的因素，所以 a 一般在 $0.2\sim0.5$ 之间。爆破弹药大致的作用效果可以根据深度特性以米为单位来评估。杀伤弹药既可用来对付地面目标，也可对付空中目标。与爆破弹药不同的是，杀伤弹药用碎片来杀伤目标但也带有一定数量的炸药，这些炸药足以使壳体破裂并使碎片具有必需的速度。杀伤战斗部的特性包括碎片的数量、重量和飞散的初始速度。杀伤战斗部的填充系数 $a=0.05\sim0.15$，碎片速度为 $1\,500\sim2\,000$ m/s，碎片质量为 $5\sim10$ g。

炮弹由于结构的特殊性，以及在爆炸时刻具有不同的速度，因此，它们的碎片飞散区域分布不均匀。所以计算实际的杀伤碎片的数量时，应该考虑到使用的特点和不同弹药的结构。除了碎片数量，还必须知道爆炸时碎片飞散的最大速度值。

(二) 航空火箭弹

武装直升机通常都配备非制导航空火箭弹，其规格为 $37\sim440$ mm，带有多用途的战斗部（爆破、杀伤、聚能穿甲、杀伤-聚能穿甲、照明等等），现在北大西洋公约组织主要使用规格为 70 mm 的火箭弹。非制导航空火箭弹装备有喷气发动机的战斗部，对于杀伤集群目标和面状目标具有优势，也可用于打击单个目标（舰船、雷达），射击有效距离为 $0.5\sim6$ km。为提高非制导火箭弹飞行中的稳定性，通常采用气动力稳定和涡轮喷气稳定，气动力稳定是尾部带有 $4\sim8$ 个叶片组成的安定面，平时折叠起来以减小弹的尺寸，使得火箭弹可以用于圆柱形发射管。在稳定安全系数不够时，叶片支立起来，并与火箭弹纵轴成一定角度，以保证弹的旋转；其缺点是旋转的增速慢，相应地从导轨发射后的稳定时间较短。而正是在这一时刻外部扰动大，静态稳定性小，可以在发动机起动时，借助辅助式侧喷口或者其他装置进行气体动力学旋转的方法来消除这个缺点。

(三) 空地导弹

对于面目标，空地导弹采用爆破型战斗部效果较好；对于点目标，一般采用杀爆型或者杀伤型战斗部为好；对于装甲（钢板或复合板）防护车辆，采用聚能破甲战斗部为好。

1. 爆破战斗部

爆破战斗部是常用的类型之一，主要依靠炸药爆炸时所产生的大量高温、高压气体产物的破坏力和由它推冲周围介质造成的冲击波作用来达到破坏效果。当爆破战斗部在侵彻的土壤中爆炸时，在形成爆炸波的同时，还产生爆炸作用和地震作用。爆炸作用能使地面形成爆炸坑，而爆炸波和地震作用能引起地面建筑和防御工事的震塌和震裂。携带常规装药的爆破战斗部，在用于打击陆上的热电站中心、铁路桥梁和海军基地，以及水上水下的舰艇、舰船等目标时均具有良好的效果。

战斗部在地面（空气中）爆炸时，其爆炸作用场分为 3 个区：Ⅰ区指 $R=(7\sim14)r_e$ 范围，即离爆炸中心距离等于 $7\sim14$ 倍装药半径（r_e）范围，在此范围内的目标主要受爆炸气体的作用；

Ⅱ区指 $R=(14\sim20)r_e$ 范围,在此范围内的目标受爆炸气体和冲击波的联合作用;Ⅲ区指 $R>20r_e$ 范围,在此范围内的目标主要受冲击波作用。爆炸作用场示意图如图 5-3 所示。

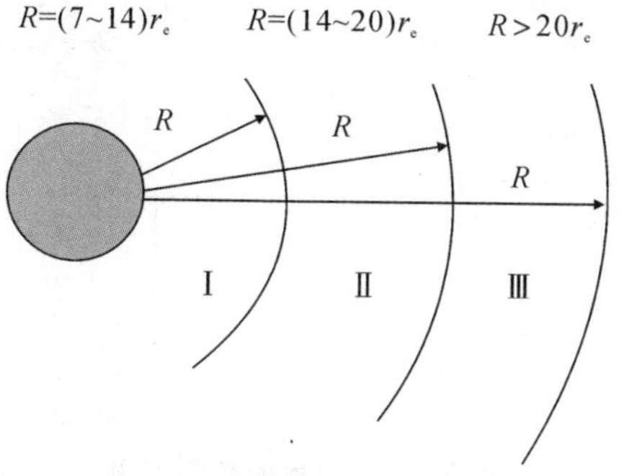

图 5-3 爆炸作用场示意图

用战斗部攻击敌方目标达到预定毁伤目的,毁伤程度通常分摧毁、压制、瓦解和疲劳目标等,爆破战斗部通常采用摧毁目标和压制目标来表征。摧毁目标是指目标遭到失去作战能力的毁伤。如技术兵器或建筑工事无法继续使用,或者需大修才能使用。要完成摧毁目标的任务,必须消灭 60%~70% 的建筑;压制目标是指暂时终止敌方能力。如对于建筑或工事一般要破坏 20%~30%,使其在某一时期内无法使用;或消灭、摧毁 20%~30% 的技术兵器和 10%~20% 的有生力量,暂时终止它的作用能力。短期压制目标是用一次攻击目标来达到的,长期压制目标必须通过在一段时期内连续攻击目标来达到。

2. 破片式战斗部

破片战斗部所对付的地面目标大体上可分为点目标和面目标。与高速运动的导弹相比,目标可以近似看成是静止的,其所在位置是有约束的,并根据动能准则确定破片威力参数,包括战斗部的有效杀伤半径和破片密度。

(1)战斗部有效杀伤半径。设引信在离目标高度 H、导弹姿态角为 θ 时引爆战斗部,对地面形成的杀伤幅员如图 5-4 所示。

当 $\theta > \bar{\varphi}' + \Omega'/2$ 时,杀伤幅员为椭圆,设椭圆长轴为 b,短轴为 a,则有

$$\begin{cases} b = \dfrac{H}{2}\left[\cot\left(\theta - \bar{\varphi}' - \dfrac{\Omega'}{2}\right) - \cot\left(\theta + \bar{\varphi}' + \dfrac{\Omega'}{2}\right)\right] \\ a = \dfrac{H}{\sin\theta}\tan\left(\bar{\varphi}' + \dfrac{\Omega'}{2}\right) \\ \gamma = \dfrac{H}{\sin\theta} \end{cases}$$

式中:H —— 爆炸高度;
θ —— 落点姿态角;
$\bar{\varphi}'$ —— 战斗部动态方位角;
Ω' —— 战斗部动态飞散角。

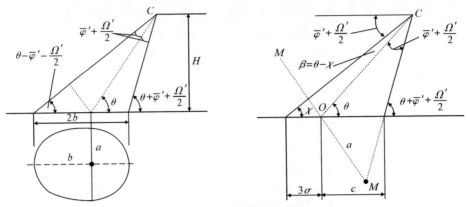

图 5-4 空炸的杀伤幅员

设 R_e 为对应的命中概率 $P(R)$ 时的平均杀伤半径,则

$$R_e = \begin{cases} \sqrt{a \cdot b}, & \text{当 } b < 3\sigma \text{ 时} \\ \sqrt{3\sigma \cdot a}, & \text{当 } b \geqslant 3\sigma \text{ 时} \end{cases}$$

式中:σ —— 等效圆散布的落点方差,即 $\sigma = \sqrt{\sigma_x \cdot \sigma_y}$。

当 $\theta \leqslant \bar{\varphi}' + \Omega'/2$ 时,杀伤幅员不是椭圆,此时有

$$\begin{cases} x = \text{arccot}\left(\dfrac{3\sigma}{H} + \cot\theta\right) \\ \beta = \theta - x \\ c = H\left[\cot\theta - \cot\left(\theta + \bar{\varphi}' + \dfrac{\Omega'}{2}\right)\right] \end{cases}$$

则当命中率为 $P(R)$ 时对应的平均杀伤半径为

$$R_e = \begin{cases} \sqrt{\dfrac{3\sigma + c}{2}}, & \text{当 } c < 3\sigma \text{ 时} \\ \sqrt{3\sigma \cdot a}, & \text{当 } c \geqslant 3\sigma \text{ 时} \end{cases}$$

式中:σ —— 导弹射击落点方差,有 $\sigma^2 = \sigma_x \cdot \sigma_y$;

a —— 杀伤幅员宽度。

(2) 破片密度。

当 $\theta > \bar{\varphi}' + \Omega'/2$ 时,平均破片密度为

$$V = 0.9 N/\pi ab$$

式中:N —— 有效破片总数;

πab —— 椭圆面积。

当 $\theta \leqslant \bar{\varphi}' + \Omega'/2$ 时,根据图 5-5,落入有效幅员内的破片密度为

$$N' = \dfrac{S_1}{S} N$$

式中:S_1 —— 图 5-5 所示阴影面积,$S_1 = \dfrac{1}{2}a^2\theta - l\sqrt{a^2 - l^2}$,$\theta = 2\arccos\dfrac{l}{a}$;

$S = \pi a^2$;

$l = 3S/\sin x$。

破片密度可以表示为

$$V = \frac{0.9N(1-S_1/S)}{\pi R_e^2}$$

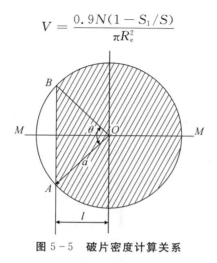

图 5-5 破片密度计算关系

3. 战斗部的终点效应

空地导弹的战斗部引信可采用瞬发或延迟方式,战斗部引爆后形成巨大的冲击波,同时壳体形成一定量的高速破片,对目标形成综合毁伤破坏。

当导弹撞击目标时,全武器系统在惯性力的作用下侵彻目标,此时引信开始作用,在固定延时机构作用下,在战斗部进入目标内部后,引信适时起爆,通过扩爆药柱放大起爆能量,起爆战斗部主装药。主装药爆炸后形成的冲击波对目标造成毁伤,同时主装药爆炸时使壳体膨胀、破碎形成高速破片,实施对目标的侵彻打击,达到对目标的杀伤、破坏目的,从而完成战斗部的终点效应。

根据弹丸作用理论,随着爆炸深度的不同,弹丸在介质中爆炸的情况也不相同。当深度较浅时,产生所谓抛掷型爆破,即弹丸上部介质被掀掉,形成漏斗型弹坑。随着深度的增加,漏斗形状由浅坦逐渐变得细深。若深度进一步增加,就会产生所谓的松动型爆炸,即介质只产生松动突起而不形成显露的漏斗坑,当深度超过一定临界值时,仅出现盲爆。

(四)空空导弹

空空导弹大多采用高爆破片式战斗部,它是用高能炸药爆炸后形成的高速运动破片作为主要杀伤元素的战斗部,爆炸后形成向导弹速度方向倾斜的空心圆锥。战斗部主要有4种杀伤目标方式:①冲击波作用,由于战斗部爆炸后,冲击波波阵面压力的减小与距离的三次方成比例,且装药爆炸后产生的能量主要用来分裂战斗部壳体,所以冲击波的杀伤半径很小,可以不予考虑;②击穿作用,主要指高速破片击穿像飞机的座舱、发动机、燃料供给系统、滑油系统、操纵系统和主要承力构件(比如梁、框、肋)等这样一类部件,使这类部件因遭受机械破坏而失去作用;③引燃作用,主要指高速破片击中像飞机的油箱或其他可燃物后,引起着火,造成目标丧失预期功能;④引爆作用,主要指高速破片击中飞机弹药一类的易爆物后引起爆炸,使目标丧失预期功能。通常弹药有钢质外壳,期望破片能连续击穿飞机机舱体和弹药钢壳以后,还有足够的能量引爆炸药,这种可能性很小,一般不考虑。通过上述的分析可知,在分析战斗部的杀伤能力时,只考虑破片的击穿作用。战斗部动态参数主要包括战斗部有效杀伤半径和动态杀伤区的确定。

1. 战斗部有效杀伤半径计算

战斗部有效杀伤半径是指破片在飞行中速度经过大气衰减后,仍能保持杀伤目标所必需的打击动能时,破片的最大飞行距离。它表示战斗部杀伤威力范围的大小,其求解公式为

$$R_K = \frac{q_f^{1/3}}{\frac{1}{2}C_x \rho_0 \bar{\rho}(H) g \phi_a} \ln\left(\frac{v_{fd0} \sqrt{q_f}}{\sqrt{2gE_B}}\right)$$

式中:q_f —— 单块有效破片的平均重量(N);

C_x —— 破片的迎风阻力系数;

ρ_0 —— 海平面的大气密度($\rho_0 = 1.2251 \text{ kg/m}^3$);

$\bar{\rho}(H)$ —— 高度 H 处的相对大气密度;

g —— 重力加速度(m/s^2);

ϕ_a —— 破片的形状系数($\text{m}^2/\text{N}^{2/3}$);

v_{fd0} —— 破片的动态初始速度(m/s);

E_B —— 破片击穿目标必需的打击动能(N·m)。

2. 动态杀伤区的确定

战斗部动态杀伤区各参数之间的关系如图 5-6 所示。

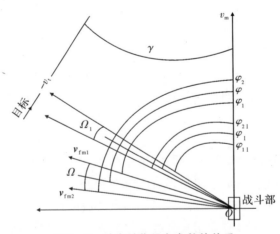

图 5-6 动态杀伤区各参数的关系

在图 5-6 中,v_m 为导弹速度;v_t 为目标速度;Ω 为静态杀伤区;φ 为静态飞散方向角;φ_1 和 φ_2 为静态飞散范围角;Ω_1 为动态杀伤区;φ_I 为动态飞散方向角;φ_{11} 和 φ_{21} 为动态飞散范围角;γ 为交会角(目标速度与导弹速度之间的夹角);v_{fm1} 和 v_{fm2} 分别为静态飞散角两边缘破片的静态平均速度向量,方向不同,但大小相同,设为 v_{fm}。则由几何关系得

$$\begin{cases} \varphi_{1\text{I}} = \arctan \dfrac{v_{\text{fm}}\sin\left(\varphi-\dfrac{\Omega}{2}\right)+v_{\text{t}}\sin\gamma}{v_{\text{m}}+v_{\text{fm}}\cos\left(\varphi-\dfrac{\Omega}{2}\right)-v_{\text{t}}\cos\gamma} \\ \\ \varphi_{2\text{I}} = \arctan \dfrac{v_{\text{fm}}\sin\left(\varphi+\dfrac{\Omega}{2}\right)+v_{\text{t}}\sin\gamma}{v_{\text{m}}+v_{\text{fm}}\cos\left(\varphi+\dfrac{\Omega}{2}\right)-v_{\text{t}}\cos\gamma} \\ \\ \Omega = \varphi_{2\text{I}} - \varphi_{1\text{I}} \\ \\ \Omega_1 = \dfrac{\varphi_{2\text{I}}+\varphi_{1\text{I}}}{2} \end{cases}$$

上式没有考虑导弹攻角 α 的影响,当存在攻角 α 时,可将导弹速度向量分解为两个分量:一个与导弹纵轴一致,表示为 v_{m1};另一个与破片静态飞散方向一致,用 $v_{\text{m}\varphi}$ 表示。应用正弦定理可得

$$\begin{cases} v_{\text{m1}} = \dfrac{v_{\text{m}}}{\sin\varphi}\sin(\varphi-\alpha) \\ \\ v_{\text{m}\varphi} = \dfrac{v_{\text{m}}}{\sin\varphi}\sin\alpha \end{cases}$$

由于 $v_{\text{m}\varphi}$ 仅为 v_{m1} 的千分之几,所以式中只需用 v_{m1} 代替 v_{m},所得结果就足够精确。

三、弹药毁伤机理

为适应现代战争的需要,作为最终完成对各类目标毁伤功能的弹药必须具有一定能力[①],这些能力决定于弹药的威力和弹药毁伤机理。弹药威力的首要因素是其终点效应,而终点效应的性质和大小又与毁伤方式密切相关。弹药对目标的毁伤一般是通过其在弹道终点处与目标发生的碰击和爆炸作用,将自身的动能、爆炸能或其产生的杀伤元(破片、射流等)对目标进行机械、化学、热力效应的破坏,使之暂时或永久地部分丧失或完全丧失其正常功能,失去作战能力。一是目标毁伤机理,即弹药对目标的作用原理。主要的毁伤机理有冲击、侵彻、爆炸及软毁伤等,如破片对有生力量的杀伤机理,冲击波超压对装备的破坏机理,穿甲弹、破甲弹对装甲目标的侵彻机理等。对人员进行杀伤主要依靠破片和冲击波这两种毁伤元,破片对人体的

---

① 一是精确打击能力。为减少不必要的附加损伤,要求弹药必须具有精确打击能力,故现代弹药正在朝制导化、可控化、灵巧化、智能化的方向发展,出现了末敏弹、弹道修正弹、智能雷等新型弹药。如美国的萨达姆(SADARM)末敏弹、德国的灵巧(SMART)末敏弹等,实现了发射后不用管的目标,是弹药技术领域的一次飞跃。二是远程压制能力。实践表明,拥有远程压制能力的一方可使己方在敌方火力圈之外打击敌方目标,掌握战争主动。因此,提高弹药射程始终是弹药发展的目标之一,也是弹药技术发展的一个主要方向。三是高效毁伤能力。现代战争要求弹药能够有效对付地面设施、装甲车辆等目标,也要求能够有效对付武装直升机、巡航导弹以及各类高价值空中目标。同时,由于弹药在战争中大量消耗,作战效能高的弹药可以大大降低作战成本。因此,现代战争要求弹药具有对各类目标的多功能高效毁伤能力,可以根据不同的目标进行不同类型的毁伤,以适应现代战争的特点。提高弹药的高效毁伤能力,除提高装药性能外,研制新型多功能子母弹药已成弹药技术领域重点发展的关键技术之一。四是信息钳制能力。要想实现对战场态势的快速响应,就要求弹药必须具有快速获取战场信息并迅速反馈的能力,同时还必须具有对敌方获取信息能力的阻断和反制能力。因此,研制具有战场态势获取控制能力的弹药,也是目前弹药技术的一个新的发展方向。目前,世界各国已经开始研制具有战场信息感知获取能力,甚至兼具攻击能力的信息化弹药。

杀伤取决于弹丸产生的最大破片杀伤面积以及人体防护情况。破片侵彻不同部位时，由于各部位密度不同，破片弹道会发生偏转，侵彻路线和致伤情况不同。当破片击中穿着避弹衣的人体时，只有穿过避弹衣后才能产生对人体致命的杀伤，因此在破片速度较低时，避弹衣中的薄板将产生变形和背面隆起现象，避弹衣会有一定的防护作用。但当破片速度较高时，在击穿避弹衣中的铝片或钢片时会产生充塞，此充塞会进入人体并加重对人体的毁伤，另外，在高速条件下，破片在穿过避弹衣时产生的变形也会加重对人体的致伤作用，也就是说，在特定的条件下，避弹衣也有副作用。冲击波作用于人体时，肺是最易遭受直接伤害的致命器官，耳是最易遭受直接伤害的非致命器官。当冲击波的能量达到一定程度时，肺伤害可以直接导致死亡，耳伤害可导致耳鼓膜破裂。同时，在冲击波超压和爆炸气流作用下，整个人体被抛入空中并发生位移，在飞行中与其他物体发生撞击会产生位移伤害效应。二是目标的毁伤模式，即目标受弹药攻击之后产生的破坏形式。它取决于弹药的作用单元和目标本身，常见的毁伤模式主要有机械损伤（包括结构变形、破坏、防护层被贯穿等）、可燃物燃爆、电气设备短断路、光电子设备失效、有生力量死伤等。由于目标毁伤机理的多样化及结构复杂化，目标毁伤模式也呈多样化的特性。三是目标的毁伤准则，即判断目标被攻击受到一定程度的毁伤后，是否失去或部分失去原有功能的标准。建立这样一种标准，为衡量目标被毁伤的程度，判断武器弹药是否实现了对目标的毁伤提供了依据。

（一）破片杀伤作用

破片杀伤作用是指弹药爆炸时形成的破片对目标的毁伤效应，表征杀伤弹药的威力。破片在空气中运动时虽有速度损失，但仍具有足够的动能碰击并毁伤目标，形成较大的毁伤作用，包括对人员杀伤作用和装备及建筑物的击穿作用、纵火作用和引爆作用。杀伤作用的大小取决于破片的分布规律、目标性质和射击（或投放、抛射）条件。因而破片效应成为体现弹丸、战斗部威力的主要手段之一。破片形成机理如图5-7所示。一般距爆炸中心2～3倍口径，这时破片速度达到最大值，称为破片初速。如66式定向雷初速为1 700 m/s，59式防步兵地雷初速为550 m/s。

图5-7 破片形成机理示意图

现代弹丸和战斗部采用的破片形式有自然破片、预控破片、预制破片，及杆式（有离散杆和连续杆之分）破片、自锻破片等，后两者多用于导弹战斗部。破片的分布规律包括弹药爆炸时所形成破片的质量分布（不同质量范围内的破片数量）、速度分布（沿弹药轴线不同位置处破片的初速）、破片形状及破片的空间分布（在不同空间位置上的破片密度），其空间分布规律如图5-8所示。而这些特性则取决于弹体材料的性质、弹药结构、炸药性能以及炸药装填系数等参量、射击条件等。通常，爆炸物爆炸后，弹体上下的破片比较稀疏，约占破片的10%；往四周飞散的破片比较密集，约占破片的90%。射击条件包括射击的方法（着发射击、跳弹射击和空炸射击）、弹着点的土壤硬度、引信装定和引信性能。当引信装定为瞬发状态进行着发射击时，弹药撞击目标后立即爆炸,此时破片的毁伤面积是由落角(弹道切线与落点水平面的夹角)、落速、土壤硬度和引信性能决定的。落角小时,部分破片进入土壤或向上飞而影响杀伤作用;随落角的增大,杀伤作用提高。引信作用时间越短,杀伤作用越大;弹药侵入越深,则杀伤作用下降越快。当进行跳弹射击(通常落角小于 20°,引信装定为延期状态)时,弹药碰击目标后跳飞至目标上空爆炸。跳弹射击和空炸射击时,如果空炸高度适合,则杀伤作用有明显提高。

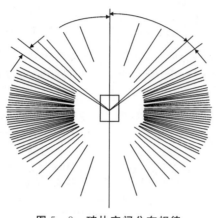

图 5-8　破片空间分布规律

(二)爆破作用

装填猛炸药的弹丸或战斗部爆炸时,形成的爆轰产物和冲击波(或应力波)对目标具有破坏作用。一是爆轰产物的直接破坏作用。弹丸爆炸时,形成高温高压气体,以极高的速度向四周膨胀,强烈作用于周围邻近的目标上,使之破坏或燃烧。由于作用于目标上的压力随距离的增大而下降很快,因此它对目标的破坏区域很小,只有与目标接触爆炸才能充分发挥作用。二是冲击波的破坏作用。冲击波的破坏作用是指弹丸、战斗部或爆炸装置在空气、水等介质中爆炸时所形成的强压缩波对目标的破坏作用,是爆炸时高温高压的爆轰产物,以极高的速度向周围膨胀飞散,强烈压缩邻层介质,使其密度、压力和温度突跃升高并高速传播而形成的。爆炸空气冲击波的形成机理如图 5-9 所示。冲击波是强扰动波,以超声速传播,介质质点将跟随冲击波波振面向前运动,在空气传播过程中,会逐渐衰减而转变为声波,以至最后消失。

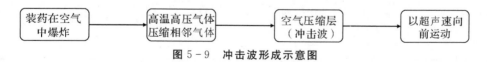

图 5-9　冲击波形成示意图

爆炸空气冲击波对人体的危害形式主要有超压、摔碰伤、物体碎片 3 种,对人的损伤情况见表 5-2。因此,使用炸药时应在确保人员至爆心的水平距离大于最小允许距离,即人员所处位置的超压小于 0.002 MPa;当遇到炸药量较大时,可采取微差分段起爆,分段时间间隔控制在 500 ms~1 s。

表 5-2 超声波对人的损伤情况

超压 Δp/MPa	0.002~0.003	0.003~0.005	0.005~0.01	0.01	0.0244~0.031	0.031~0.038	0.038~0.045
损伤等级	轻微	中等	严重	很严重	十分严重	极度严重	
损伤程度	轻微挫伤	听觉器官损伤,中等挫伤,骨折	内脏严重挫伤,可能有死亡	出现死亡	出现致命的概率		
					1%	50%	100%

爆炸空气冲击波对建筑物的破坏形式主要是超压,破坏等级见表 5-3。因此,在爆破建筑物时应依据建筑物自身允许破坏程度的超压值和单次销毁的炸药量,调整爆心位置,使距建筑物的距离大于安全允许距离;应依据建筑物自身允许破坏程度的超压值和爆心距建筑物的实际距离,调整单次销毁的炸药量,满足安全要求。

表 5-3 超声波超压破坏等级

破坏等级	1	2	3	4	5	6	7
等级名称	基本无破坏	次轻度破坏	轻度破坏	中等破坏	次严重破坏	严重破坏	完全破坏
超压/10^5Pa	<0.02	0.02~0.09	0.09~0.25	0.25~0.40	0.40~0.55	0.55~0.76	>0.76

爆炸及燃烧除了对有生力量的损伤、烧伤等外,还能产生有害气体如 CO、NO_2 等,使有生力量中毒,危害情况见表 5-4。

表 5-4 有害气体对人体的危害

有害气体	特性	生理特征	中毒症状
一氧化碳（CO）	无色无味,比空气轻,常态下不能与氧结合	CO 与红细胞中的血红素的亲和力比氧气的亲和力大 250~300 倍,被吸入人体后,阻碍了氧和血红素的正常结合,使人体各部组织和细胞产生缺氧现象,引起中毒以致死亡	轻微:耳鸣、头痛、头晕、心跳;严重:再加肌肉疼痛、四肢无力、呕吐、感觉迟钝、丧失行为能力;致命:丧失知觉、痉挛、心脏及呼吸骤停
二氧化氮（NO_2）	褐红色,有强烈窒息性,比空气重,与水结合成硝酸	对眼睛、鼻腔、呼吸道、肺部有强烈的刺激作用。吸入人体后,NO_2 与水结合成硝酸,破坏肺部组织,引起肺部浮肿	6 h 后才有症状,最初呼吸道受刺激,咳嗽;20~30 h 后,发生严重的支气管炎,呼吸困难,吐淡黄色痰液,肺水肿,呕吐以致死亡;中毒症状是手指及头发发黄

(三)燃烧作用

弹药燃烧作用是指燃烧弹等弹药通过纵火对目标的毁伤作用,即利用纵火剂火种自燃或引燃作用,使目标毁伤以及由燃烧引起的后效,如油箱、弹药爆炸等进行作用。燃烧弹以及穿爆燃弹药或具有随进燃烧效果的破甲弹,其纵火作用都是通过弹体内的纵火体(火种)抛落在目标上引起燃烧来实现的,目标通常指可燃的木质建筑物、油库、弹药库、土木材以及地表面的易燃覆盖层等。不同种类的燃烧弹,其火种温度在 1 100～3 000 K 范围内,因而对于燃点为几十至数百摄氏度的木材和汽油等可燃物,是完全可以引燃的。可燃物燃烧所放出的热量,部分向周围空间散发,其余热量能使其周围尚未燃烧的可燃物烘干、升温或汽化并继续加热到燃点以上,这是火势能够在目标处蔓延开来的必要条件。燃烧弹纵火的效果与燃烧弹爆炸后火种的数量、分布密度、燃烧温度、火焰大小、持续时间以及目标的物理性质(燃点、湿度、温度等)和堆放情况等因素有关。

目前采用的燃烧剂基本有 3 种:金属燃烧剂,能做纵火剂的有镁、铝、铀和稀土合金等易燃金属,多用于贯穿装甲后,在其内部起纵火作用;油基纵火剂,主要是凝固汽油一类,主要成分是汽油、苯和聚苯乙烯,温度(790℃左右)较低,但它的火焰大(焰长达 1 m 以上),燃烧时间长,因此纵火效果好;烟火纵火剂,主要是用铝热剂,温度(2 400℃以上)高,有灼热熔渣,但火焰(不足 0.3 m)小。一些纵火剂也可以混合使用。

(四)穿甲、破甲和碎甲作用

弹药穿甲作用是指弹丸等以自身的动能侵彻或穿透装甲,对装甲目标所形成的破坏效应。弹丸着速通常为 500～1 800 m/s,有的可高达 2 000 m/s 以上。在穿透装甲后,利用弹丸或弹、靶破片的直接撞击作用,或由其引燃、引爆所产生的二次效应,或弹丸穿透装甲后的爆炸作用,可以毁伤目标内部的仪器设备和有生力量。高速弹丸碰击装甲时,可能发生头部微粗变形、破碎或质量侵蚀及弹身折断等现象。钢质装甲被穿透破坏的主要形式有韧性扩孔、花瓣型穿孔、冲塞、破碎型穿孔和崩落穿透等。实际上,钢质装甲板的破坏往往由多种形式组合而成,但其中必以一种破坏形式为主。此外,弹丸还可能因其动能不足而嵌留在装甲板内,或因入射角过大而从装甲板表面跳飞。在工程上,弹丸穿透给定装甲的概率不小于 90% 的最低撞击速度,称为极限穿透速度,常用以度量弹丸的穿甲能力,其大小受到装甲板倾角、弹丸和装甲材料性能、装甲厚度及弹丸结构与弹头形状等因素的影响。

弹药破甲作用是指破甲弹等空心装药爆炸时,形成高速金属射流,对装甲目标的侵彻、穿透和后效作用产生毁伤效应。空心装药引爆后,金属药型罩在爆轰产物的高压作用下迅速向轴线闭合,罩内壁金属不断被挤压形成高速射流向前运动。由于从罩顶到罩底,闭合速度逐渐降低,所以相应的射流速度也是头部高而尾部低。如采用紫铜罩形成的射流,头部速度一般在 8 000 m/s 以上,而尾部速度则为 1 000 m/s 左右。整个射流存在着速度梯度,使它在运动过程中不断被拉长。

弹药碎甲作用是指以炸药装药紧贴装甲板表面爆炸,使装甲背部飞出崩落碎片并毁伤装甲目标内部人员与设备的破坏效应。其主要是利用高猛度塑性炸药与装甲板接触爆炸的爆轰波能量,转化为向板中传播的强冲击波能量来破坏装甲的。当装甲板表面的强冲击波(强度为 40～45 GPa)向板内传播,到达装甲板背面时,入射压缩波在自由界面产生反射拉伸波,与入射压缩波合成,使背部产生拉应力区。当某截面上的拉应力达到装甲板的临界断裂强度时,便产生首次崩落碎片。一般对单层、中等厚度金属装甲板的崩落效果较好,常从背部撕剪下一块碟形碎片(简称碟片),并以 30～200 m/s 或更高一些的速度飞离背部。其直径为装药直径的 1.25～1.5 倍。如入射压缩波的剩余强度仍然较高,还会产生二次或多次崩落,继续有一些较小的碎片飞出这些飞出的碎片,可毁伤装甲目标内部的人员和设备。碎甲作用对钢质装甲板的破坏,一般不出现透孔;在混凝土墙系统接触爆炸时,墙的前、后表面将出现较多、较长、较深的裂纹和大面积的破坏,从背部飞出大量的碎块,但无完整的碟片。由于其杀伤效果主要来自于碟片的动能,所以,影响碟片及其他碎片动能的因素都是碎甲效应的影响因素。在炸药方面有爆速、密度及其堆积高度和直径;在靶板方面有其密度、厚度、倾角、波速及其材料的力学性质,如剪切模量、屈服强度等。崩落碎片(主要是碟片)的质量和速度越大,则碎甲威力越大。在一般情况下,斜着靶的碎甲威力大于垂直着靶,碎甲弹的着角和着速对炸药堆积效果有影响,一般宜在着角 60°~65°时使用,主要是由于炸药堆积面积增大,碟片的直径、厚度增大。但如着角过大则碎甲威力反而下降。薄装甲、间隔装甲、屏蔽装甲和复合装甲通常不产生碎甲作用。

(五) 软杀伤作用

弹药的软杀伤作用包括对人员的非致命杀伤效应和对武器装备的失能效应。软杀伤作用是针对武器系统和人员的最关键且又是最脆弱的环节(部位)实施特殊的手段,使之失效且处于瘫痪状态。由于针对的关键且脆弱的环节不同,所以形成了各种各样的软杀伤机制和效应。

对人员的软杀伤主要是生物效应和热效应。生物效应是由较弱能量的微波照射后引起的,它使人员神经紊乱,行为错误,烦躁,致盲,或心肺功能衰竭等。试验证明,飞机驾驶员受到能量密度为 $3\sim10~W/cm^2$ 的微波照射后,就不能正常工作,甚至可能造成飞机失事。热效应是由强微波照射引起的,当微波能量密度为 $0.5~W/cm^2$ 时,可造成人员皮肤轻度烧伤;当微波能量密度为 $20\sim80~W/cm^2$ 时,照射时间超过 1 s 即可造成人员死亡。目前,弹药对人员的软杀伤作用主要有激光致盲毁伤、次声波毁伤和非致命化学战剂毁伤等形式。

对武器装备的毁伤主要有高功率微波辐射和电磁脉冲毁伤、激光毁伤、碳纤维弹毁伤等形式。高功率微波战斗部作用时定向辐射高功率微波束;电磁脉冲弹作用时发出混频单脉冲。微波辐射和电磁脉冲对军械电子设备的作用都是通过电、热效应实现的。强电场效应不仅可以使武器装备中金属氧化物半导体电路的栅氧化层或金属化线间造成介质击穿,致使电路失效,而且会对武器系统自检仪器和敏感器件的工作可靠性造成影响。热效应可作为点火源和引爆源,瞬时引起易燃、易爆气体或电火工品等物品燃烧爆炸;可以使武器系统中的微电子器件、电磁敏感电路过热,造成局部热损伤,导致电路性能变坏或失效。激光毁伤模式采用强激光直接照射可以摧毁空间飞行器(卫星和导弹)和空中目标,由激光弹药发生的弱激光作用,可以破坏武器装备的传感器、各种光学窗口、光学瞄准镜、激光与雷达测距机、自动武器的探测系统等。碳纤维弹毁伤主要是通过碳纤维丝的导电性和附着力作用,附着到变压器、供电线路上,当高压电流通过碳纤维时,电场强度明显增大,电流流动速率加速,并开始放电,形成电弧,致使电力设备熔化,使电路发生短路;若电流过强或过热会引起着火;电弧若生成极高的电能,则造成爆炸,由此给发电厂及其供电系统造成毁灭性的破坏。

第三节 弹药终点毁伤效应

战斗部的终点效应及其毁伤作用,按对于目标的物质或精神、信息方面所造成的损伤来划分,可分为硬杀伤效应和软杀伤效应两种。机载武器战斗部中,通常以硬毁伤(杀伤)效应为主,这些效应主要包括弹体或破片毁伤元件整体的侵彻效应,弹体破片的杀伤、穿甲、侵彻、引燃、引爆效应等,战斗部装药产生的冲击波的杀伤和破坏作用,反装甲弹药的穿甲、破甲、碎甲等效应,反跑道、道路的侵彻效应,以及反地下工事的钻地爆破效应。弹药的终点效应,虽然可由单纯的毁伤因素来分析和一一描述,但其毁伤所达到的效果却总是综合的。

一、侵彻效应

理论分析证明,弹丸整体侵彻的最大深度 $D_{\max}$,与弹丸断面密度 ρ_s、接触目标时的存速 v_c、着角 θ_c,以及弹型和介质的性能因素有关。但是,和其他终点效应一样,侵彻的现象及其机制都较复杂,通过解析和仿真的结果并不十分可靠。因此,对此类问题,通常用实验方法,经数据统计、回归分析,得出实验曲线和经验公式。目前,各种公式很多,有的比较古老,甚至是在19世纪末和20世纪初得出的结论。但由于组织此类实验的规模和经费十分巨大,同时,原有的公式使用起来又基本能保证要求的精度和符合程度,所以就一直沿用至今。现在常用的侵彻公式包括别列赞公式、萨布斯基公式、圣的亚公式、岩石侵彻经验公式、潘斯莱特公式、培特立公式等。

(一)别列赞公式

1912 年俄国学者在第聂伯河河口的别列赞岛上进行了大量的实弹射击,并总结出了一个侵彻深度经验公式。我国在 20 世纪 50 年代也进行了大量的炮击实验,从而对别列赞公式进行了几次修正,并将其编入我国防护工事的设计规范。该公式的侵彻深度计算表达式为

$$L_{\max} = iK \frac{m}{d^2} v_c$$

式中:$L_{\max}$ —— 在目标介质中弹丸侵彻之最大行程(m);

i —— 弹形系数,以 l_h 表示弹头长度,且有 $i = 1 + 0.3(l_h/d - 0.5)$;

m —— 弹丸质量(kg);

d —— 弹径(m);

v_c —— 着靶速度,即存速(m/s);

K —— 由介质物理性质决定的侵彻系数(m²·s/kg),见表 5-5。

表 5-5 侵彻系数 K 值

介质	K/(m²·s·kg⁻¹)	介质	K/(m²·s·kg⁻¹)	介质	K/(m²·s·kg⁻¹)
黏土	10×10^{-6}	木材	6×10^{-6}	混凝土	1.3×10^{-6}
松土	17×10^{-6}	砖	2×10^{-6}	钢筋混凝土	0.3×10^{-6}
砂土	6.5×10^{-6}	坚实黏土	7×10^{-6}		
砂	4.5×10^{-6}	石灰岩、砂岩	1.6×10^{-6}		

如果在表 5-5 中找不到某种介质的 K 值,但有与其相近的侵彻系数,则可用下列公式近似计算,求出新介质的等效侵彻系数 K':

$$\frac{K'}{K} = \sqrt{\frac{\rho \sigma_b}{\rho' \sigma_b'}}$$

式中:K'、K —— 新介质与相近介质的侵彻系数;

ρ'、ρ —— 新介质与相近介质的密度;

σ'_b, σ_b —— 新介质与相近介质的强度极限。

(二) Young 公式

美国 Sandia 国家实验室的 Young 公式是基于 3 000 多次对多种介质的侵彻实验提出的,从 1967 年公开发表以来几经修正,直到 1997 年才完成。Young 公式有多种表达形式,对于自然土层、混凝土、岩石等介质的侵彻深度完整计算表达式为

$$x = \begin{cases} 0.000\ 8SN_1K_1 \left(\dfrac{m}{A}\right)^{0.7} \ln(1+2.15\times10^{-4}v_0^2), & v_0 < 61\ \text{m/s} \\ 0.000\ 018\ 8SN_1K_1 \left(\dfrac{m}{A}\right)^{0.7} (v_0-30.5), & v_0 \geqslant 61\ \text{m/s} \end{cases}$$

(三) 工程兵科研三所公式

原总参工程兵科研三所对国外常用的 20 余种侵彻经验公式进行了分析,研究其特点和适用范围,在量纲分析的基础上,得到了弹体侵彻相似规律,并最终给出了合理的经验公式所应具有的基本构架:

$$\frac{x}{d} = K_2 N_1 f\left(\frac{m}{\rho d^3} \cdot \frac{f'_c d^2}{mg} \cdot \frac{v_0}{dg}\right)$$

(四) 岩石侵彻经验公式

该公式是欧美国家常用的公式,其表达形式如下:

$$L_{\max} = 25.4 \frac{mv_c}{d^2 \sqrt{\rho \sigma_b}} \left(\frac{100}{\text{RQD}}\right)^{0.8} (\text{cm})$$

式中:d —— 弹径(cm);
ρ —— 介质密度(kg/dm³);
σ_b —— 岩石无侧向力的抗压强度极限(bar,1 bar = 10^5 Pa);
RQD —— 岩石质量特征常数,见表 5-6。

表 5-6 质量特征常数 RQD 值

岩石质量种类	很粗劣	粗劣	较好	好	极好
RQD/%	0～25	25～30	50～75	75～90	90～100

二、爆轰效应

战斗部的爆轰使爆轰产物急剧膨胀,并压缩周围介质形成强烈的压缩波,向四周以超声速作球面传播。在大气中,压缩波锋面上气体状态参数(压力、密度、温度)发生突跃,并随锋面推进,这种运动者的压缩波即称为冲击波。冲击波的压力增量和速度增量作用于相对静止的目标面时,将产生巨大的冲量和速度冲量,使目标产生位移、变形和振动,以致破坏目标,这就是爆轰冲击波所产生的爆轰效应。

爆轰冲击波前、后的压力 p_0 和 p_1 都是静压力,前后静压力增量即为静超压 Δp_s。当冲击波平行掠过目标壁面时,作用在刚性壁面上的最大面积载荷即为超压 Δp_s;当冲击波垂直作用于

刚性壁面上时，气流动能立即转化为作用于壁面上的压力能，即动压。动压与静压叠加后，介质此时的压力及密度也大大增加，并发生反向膨胀，形成反射冲击波，此时该波锋面压力为 p_2，而 p_2 与 p_1 之差即为反射超压 Δp_k。

Δp_s 和 Δp_k 都是单位面积上的作用力，物理学中称为压强，工程技术中称为压力。将其乘以被作用的面积，就得到总的压力。因此 Δp_s 和 Δp_k 作用的瞬时，即 $\Delta t \to 0$，只是力的作用。但是，目标的破坏主要是在外力作用下组成形体的各个部分和各个机构之间产生相对的位移，即由静止状态向运动状态转化，也就是说其动量要发生改变。力学定律告诉我们，动量的变化取决于力的冲量，因此，目标的破坏——变形与位移超过其极限位置，除了力的作用因素之外，还与力的作用时间有关。

随着装药一次性爆炸的量的不同，其超压的作用时间也不同。核爆炸与大集团常规装药的爆炸，超压作用时间较长，而小量装药的超压作用时间就比较短。这两种情况的破坏形式，前者像是用沉重的载荷将目标"压垮"，主要是静载荷的破坏；而后者则像是用大锤的冲撞将目标"击垮"，主要是动载荷的破坏作用。但严格地说这两者都是力的冲量在起作用，只有冲量才能使目标形体的组成部分及构件发生动量的改变，使各个构件和构件中的各个部位产生破坏性的相对运动，导致其离开自身的平衡位置，超出其弹性的极限以及为保证目标的完整性及其功能的极限位置，就是说导致了目标的变形与解体破坏。此时，I_{sw} 成为冲击波作用的比冲量，即单位面积之冲量。这是一种面积比冲量，必须将其与推进技术中的时间比冲量区分开来。

无论是静压破坏，或是动压破坏，按理论讲都应该用 I_{sw} 来度量冲击波的毁伤能力。但尽管如此，二者的物理破坏机制却仍有所差别。核爆炸或大集团常规装药的爆炸，对目标的作用时间长，在其超压作用的时间区间内，可形成一小段准定常过程。因此，对于冲击波的作用，可以不考虑其时间因素，而直接用超压 Δp 衡量其破坏作用，这就是所谓的"静压破坏机制"。小量装药的爆炸对目标的作用时间短暂，它表现为典型非定常瞬态过程，因而时间因素是不需加以考虑的，只需要用 I_{sw} 来衡量冲击波的破坏作用，此即所谓的冲量破坏机制。

三、侵爆效应

装有延期或短延期引信的弹药，能够侵入目标内一定的深度爆炸，或贯穿目标防护在其内部空间爆炸。在前一情况下，如果选择有利的爆炸深度，便能形成容积较大的漏斗坑。但在弹丸侵入过深时，就会形成"盲炸"，即被封闭于介质中的爆炸，这就使其破坏力减小。第二种情况弹药在目标内封闭空间爆炸，其冲击波经四壁多次反射叠加，大大地增强了毁伤作用。

（一）装药在无限厚介质中爆炸的效应

装药随同弹体侵入介质，并在介质中爆炸，当介质为无限厚度时，就产生盲炸。这时在炸点周围介质中会产生 3 个区域，即压缩区、破坏区和振动区。各个区的半径分别为 r_p、r_d、r_s，可由下式计算：

$$\begin{cases} r_p = 0.36 K_d \sqrt[3]{W_{TNT}} \\ r_d = K_d \sqrt[3]{W_{TNT}} \\ r_s = (1.83 - 2.20) r_d \end{cases}$$

式中:K_d——介质和炸药性质有关的破坏系数,对于 TNT 炸药,可在表 5-7 中查取。

表 5-7 破坏系数 K_d 值表

介质	$K_d/(m \cdot kg^{1/4})$	介质	$K_d/(m \cdot kg^{1/4})$
松软土壤	1.40	水泥浆砖砌体	0.97
荒地	1.07	混凝土	0.71~0.85
砂石	1.00~1.04	石建筑体	0.84
带砂泥土	0.96	钢筋混凝土	0.42~0.51
石灰岩、砂岩	0.90~0.92		

(二) 装药的有利炸深

装药侵入介质后,由引信控制在靠近介质界面处爆炸,爆炸将介质掀开,抛出大量介质团,形成漏斗坑。为了产生最大容积的漏斗坑,应能找到一个最有利的炸深 H_{op}。此时,抛出介质最多,对目标造成损坏也最大,此时,可列出如下公式:

$$H_{op} = r_d + \Delta L \cos\alpha$$

式中:ΔL——弹质心与弹头锥端的距离(m);

α——弹侵入角,即落点弹道切线与地面或目标表面法线的夹角。

(三) 装药在目标内部空间爆炸

装药随弹体贯穿目标防护,在目标内部爆炸,是侵爆效应毁伤的重要形式。弹体的贯穿在目标防护体的内侧形成反漏斗孔,其计算方法可按整体弹丸的侵彻公式计算;弹丸在内部空间的爆破毁伤效应和产生破片的杀伤作用,有关计算公式略。

四、破甲效应

非动能毁伤机制的反装甲弹药,如反坦克导弹战斗部,大都是聚能战斗部。这种弹药能够在大着角和低着靶速度条件下,击穿很厚的装甲。弹丸前端为空腔,后部装填高猛度大威力炸药,利用聚能效应①形成的破甲流和钢甲金属碎片,来达到破甲和杀伤坦克内乘员的目的。

金属射流的侵彻过程,在高速段符合流体力学模型,而在低速段则要考虑装甲材料强度的影响。整个过程大致可分为开坑、准定常侵彻和侵彻终止等 3 个阶段,如图 5-10 所示。金属射流穿透装甲后,继续前进的剩余射流和穿透时崩落的装甲碎片,或由它们引燃、引爆所产生的二次效应,对装甲目标内的乘员和设备也具有毁伤作用,即后效作用。破甲威力通常用破甲深度表征,而其后效作用的大小,则以射流穿透装甲板时的出口直径和剩余射流穿过具有一定厚度与间隔的后效靶板块数来评价。影响破甲作用的主要因素有炸高、装药直径的大小、药型罩的材料和结构、炸药及装药结构、制造工艺和弹丸转速等。炸高是指从罩底端面到装甲板表面之间的距离。适当的炸高是使射流得到充分拉长,达到最大破甲深度的必要条件。性能较

---

① 炸药呈空心漏斗形,炸药表面加有韧性较好、密度较大的紫铜或其他金属材料的药型罩,爆炸时形成一股高速、高温、高压状态的金属能射流,具有极高的比动能,能达到破甲作用。这种将炸药能量聚集起来的效应就是聚能效应,又称作"门罗效应",是 1885 年美国工程师查理斯·E.门罗发现并提出的。

好的破甲弹,对钢质装甲穿深已可达主装药直径的 8~10 倍。

图 5-10 破甲原理示意图

带有浅空腔药型罩的空心装药爆炸时形成的高速侵彻体,对装甲目标具有一定的侵彻作用。药型罩一般为锥形罩、球缺药型罩或双曲面药型罩。罩壁可为等壁厚或变壁厚,锥角一般为 120°~150°,常用钢、铜、铝或钽等材料制成;炸药则多采用奥克托今(HMX75/TNT25)或黑梯(RDX60/TNT40)混合炸药。在爆炸载荷的作用下,药型罩翻转并逐步向轴线收缩和闭合,形成速度梯度很小的爆炸成型弹丸,或者整个罩面翻转成一个整体的爆炸成型弹丸。

射流对装甲板的侵彻,是一种流体侵彻,在高温高压下,无论射流本身或是被侵彻的靶板材料,均呈现了流体特征。因此,射击侵彻的机制是流体侵彻。实际情况下,在侵彻通道中的流体运动是非定常流动;但分析中,为进行简化,通常采用准定常流动模型。即其最主要的假设是把侵彻的流体看作无黏性均匀不可压缩流体的运动;而准定常假设,则除上述理想不可压缩流体的假定之外,还增加了射流中存在线性速度梯度这一条。

聚能效应产生的射流,具有方向性强和能量密度大的特点,优点是能量不分散,而是集中于需破坏的局部区域。以黑索今 RDX 装药为例,该种装药柱爆轰波阵面上的能量密度约为 2×10^6 J/cm³,而同样的装药制备为聚能弹药的话,则爆炸时能将金属铜药形罩挤压成头部速度达 8 000 m/s 的射流,此时的能量密度可达 29×10^6 J/cm³,即能量密度较前者增大了约 14 倍。

对于聚能弹药,由于威力实验的方法不同,可分为静破甲实验和动破甲实验。二者最大的区别是:前者为固定炸高的静止引爆破甲实验,其着角通常取 0°,即垂直于靶面侵彻;后者为实际打靶实验,其着角 φ 通常为 65°左右,且布置为多重靶板。二者的最大侵彻深度 L_{max},对于同一种弹药来说,静破甲厚度总是大于动破甲厚度;即使把动破甲厚度换算为 $\varphi=0°$ 时的垂直侵彻,二者相比,还是静破甲深度较大。它们之间的关系大体上为

$$\begin{cases} L_{max}^S \approx (1.43 \sim 1.67) L_{max}^D / \cos\varphi \pm \sigma_p \\ L_{max}^D \approx (0.60 \sim 0.70) L_{max}^S / \cos\varphi \pm \sigma_p \end{cases}$$

式中:上标 S —— 静态;

D —— 动态;

σ_p —— 体现穿透厚度随机偏差的正态分布均方差,通常由一组实验给出。

五、破片的终点效应

破片可分为自然破片、预制破片及半预制破片(弹体刻槽),由装药的爆轰而高速抛出弹药壳体的破碎物或预制、半预制的投射物(如球、六方体、立方体等)而产生的。破片对目标的毁

伤(杀伤),主要是依靠其质量和速度的组合参数 Cmv_c^n 的作用(其中 C 为系数, m 为破片质量, n 为破片存速 v_0 的乘幂指数),人们通常将其称为动能毁伤。所谓"动能",当然是在 $C=0.5$、$n=2$ 情况下的一种特例。但如果将该组合参数处理成 $C_1\left(\dfrac{mv_c^2}{2}\right)^{n_1}$,则即使从较严格的意义上看,称为"动能毁伤",也是说得过去的。破片的情况比整体弹复杂得多,虽然它们的毁伤作用都是对目标的侵彻,但破片的形状和运动状态在着靶前及着靶后都比整体弹复杂。此外,破片的产生也是一个比较复杂的过程,而且有着随机的质量和空间分布。

(一)破片的数量分布

预制破片的数量是确定值,半预制破片的数量基本上也是确定值,而只有自然破片产生的数量是随机的。下面研究的是自然破片数量分布的数学期望。

(1)破片的平均质量参数 $\bar{m}$。破片的平均质量参数 $\bar{m}$ 并不是破片的平均质量,而是与破片平均质量有关的一个参数,可由以下经验公式计算。

对薄壳弹:

$$\bar{m} = \left[A\frac{t(d_i+t)^{3/2}}{d_i}\sqrt{1+\frac{C}{2M_B}}\right]^2$$

对厚壳弹:

$$\bar{m} = B^2 t^{5/3} d_i^{2/3}\left(1+\frac{t}{d_i}\right)^2$$

式中: $\bar{m}$ —— 破片平均质量参数(g/片);

t —— 弹壳体壁厚(mm);

d_i —— 弹壳体内径(mm);

i —— 沿弹体长度分段计算时的编号,当壳体等厚(即 t = 常数)时,则不必分段计算;

C —— 装药质量(kg);

M_B —— 壳体质量(kg);

A、B —— 系数,其值见表 5-8。

表 5-8 系数 A、B 值

炸药种类	A	B
B 炸药	8.91×10^{-3}	2.73×10^{-3}
TNT	12.6×10^{-3}	3.81×10^{-3}

(2)弹丸爆炸后之破片总数为

$$N_0 = M_B\sqrt{2\bar{m}}\text{(枚)}$$

(3)质量在 m_p 以上的破片累计数 $N(\geqslant m_p)$ 为

$$N(\geqslant m_p) = N_0 \exp\left(-\sqrt{m_p\sqrt{\bar{m}}}\right)$$

式中: m_p —— 某一质量等级之破片的质量(g),建议取如下序列:

0.1 0.2 0.4 0.8 1.2 2.4 4.8 9.6 19.2 38.4 76.8 153.6

(4) 质量在 m_{pi} 与 m_{pi+1} 之间的破片数 $N[m_{pi},m_{pi+1}]$ 为

$$N[m_{pi},m_{pi+1}] = N(\geqslant m_{pi}) - N(> m_{pi+1}) \quad (i=1,2,\cdots,n)$$

(二) 破片的质量分布

(1) 质量在 m_p 以上的破片的累计量 $M(\geqslant m_p)$ 为

$$M \geqslant m_p = M_s \left[\frac{m_p}{2\bar{m}} + \sqrt{\frac{m_p}{\bar{m}}} + 1 \right] \exp\left(-\sqrt{m_p}\sqrt{\bar{m}}\right)$$

(2) 质量在 m_{pi} 和 m_{pi+1} 之间的破片的合计质量 $M(m_{pi},m_{pi+1})$ 为

$$M(m_{pi},m_{pi+1}) = |M(\geqslant m_{pi}) - M(> m_{pi+1})|, \quad (i=1,2,\cdots,n)$$

(3) 在区间 (m_{pi},m_{pi+1}) 中单个破片的平均质量 $\bar{m}_{i,i+1}$ 为

$$\bar{m}_{i,i+1} = M(m_{pi},m_{pi+1})/N[m_{pi},m_{pi+1}], \quad (i=1,2,\cdots,n)$$

(三) 弹丸爆炸后破片在空间的分布

图 5-11 描绘了弹壳爆炸后所产生的破片群在空间的分布，主要表示了破片的飞散特性。壳体上形成破片的主要部分是圆柱段，而头部和底部只形成数量比较少的大质量破片，它们对弹的毁伤效能贡献较少，故在建立数学模型时，往往略去头底两部分的影响。图 5-11 表明一枚战斗部或弹丸之壳体，由其起爆的原始位置到被装药爆轰产物推送至极限位置的情况，它描述了壳体爆炸后至破片形成时的几何关系。

O——弹体的质心；
Δ——弹体膨胀极限距离（单位：mm）；
l_1、l_2——头部、尾部与质心间有效长度的（单位：mm）；
d_1——弹体圆柱部分（有效部分）的内径（单位：mm）；
Ω——破片飞散分布角[单位：(°)]；
φ_1、φ_2——破片飞散布角[单位：(°)]；
$\bar{\varphi}$——破片飞散角的数学期望[单位：(°)]；
L、L'——弹体总长和不包括头尾部的长度（单位：mm）。

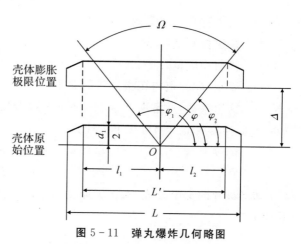

图 5-11 弹丸爆炸几何略图

破片静态飞散几何特性、在分布角 Ω 内破片的数量分布、破片的动态飞散特性等相关公式略。

(四) 弹丸静爆破片初速

目前分别用爆热公式和哥耐公式来预估弹药静爆（即引爆静止的弹药）时破片初速的数学期望（略）。

(五)破片弹道

破片的毁伤作用主要取决于其撞击目标后的质量与初速,还有落点坐标和落角等,这些决定了破片在目标区域的分布。破片形成之后,其初始参数演化成终点参数,须经破片弹道的飞行过程。由于对破片终点参数的预估精度要求并不高,所以破片的弹道方程可大为简化,但也不能将其以直线考虑,而必须用近似抛物线的飞行轨迹来考量。

(六)破片的终点效应

破片的终点效应主要表现在:穿透轻装甲或非装甲车辆、技术装备的蒙皮,杀伤人员等有生目标,引燃、引爆武器和技术装备中的油料及弹药等。具体包括破片的穿甲作用、破片的引燃作用、破片的引爆作用、破片的综合毁伤效应等。

1. 破片的穿甲作用

弹道极限 v_{50} 是在一对特定的"弹-靶"组合的打靶试验中,破片穿透靶板的概率达到 0.5 时,其相应着靶速度均值称为 v_{50},与之相应的是穿透样本占试验次数的 100% 时相应的着靶速度 v_{100}。v_{50} 是衡量与评价破片穿甲能力的最常用、最合理的指标,具有指标灵敏度高的优点。试验证明,穿透装甲时着靶速度随机服从正态分布,其数学期望就是弹道极限 v_{50},其均方差 δ_v 反映了穿甲现象的随机特征,取值比较稳定。在大多数情况下,均有 $\delta_v \approx 8 \sim 10 \text{ m/s}$。

(1) 德马尔公式:

$$v_{100} = K \frac{d^{0.75} b^{0.7}}{m^{0.5} \cos\theta}$$

式中: d —— 投射物直径或等效直径(dm);

b —— 装甲板厚度(mm);

m —— 投射物质量(kg);

θ —— 着角,即弹道与靶板法线的夹角(°);

K —— 穿甲系数,通常取 2 200 ~ 2 600,综合反映了抛射物形状和靶板的特性。

如将 v_{100} 换算成 v_{50},则可按下式计算:

$$\begin{cases} v_{50} \approx v_{100} - 3.3\sigma_v (\text{m/s}) \\ v_{50} \approx v_{100} - (50 \sim 60)(\text{m/s}) \end{cases}$$

(2) 球形破片的穿甲公式。对于钢球和钨球,以及钢质球形破片,国内进行了深入研究。经验公式如下:

$$\begin{cases} v_{50} = \left(0.914 \frac{b}{d} - 0.27\right) \frac{\sqrt{\sigma_b}}{40} \cos\theta_c^c \times 10^3 & (\text{对于钨球}) \\ v_{50} = \left(1.9 \frac{b}{d} - 0.9\right) \frac{\sqrt{\sigma_b}}{40} \cos\theta_c^c \times 10^3 & (\text{对于钢球}) \end{cases}$$

式中: b —— 装甲板厚度(mm);

d —— 投射物直径(mm);

σ_b —— 靶材强度极限(mm);

θ_c —— 着角(°);

C——与钨球、钢球质量有关的指数，$C=-0.935\text{ m}^{0.075}$；

m——投射物质量(g)。

该式适用范围是：钨球 $2\sim10$ g，钢球 $0.5\sim2$ g，速度 $v_c\approx500\sim1\,200$ m/s。

2. 破片的引燃作用

破片对目标内燃料容器的引燃，主要取决于破片的比冲量 $I_{st}(\text{N}\cdot\text{s/m}^2)$，表达式如下：

$$I_{st}=\frac{m_f v_f}{\overline{A}_{st}}\approx 20 m_f^{1/3} v_f\times 10^{-4}$$

式中：m_f——破片质量；

v_f——破片存速；

$\overline{A}_{st}$——破片着靶瞬间破片在靶板上的投影面积的统计均值。

3. 破片的引爆作用

破片击中目标内弹药后，可导致弹药装药因强烈的固体冲击波而引起装药的力学参数，如应力、应变、质点运动速度等发生强烈变化，密度和温度急剧上升，引起装药爆炸。衡量破片引爆的能力，预报对弹药引爆的可能性，以引爆概率为指标。

4. 破片的综合毁伤效应

破片对目标能够产生穿甲及侵彻、引燃、引爆等毁伤效应，并分别以单枚破片随机命中目标的条件概率 P_{hp}、P_{hc}、P_{he} 作为衡量其各种毁伤有效程度的指标。因此，每当一枚破片命中目标，则3种毁伤作用均有可能发生。如果认为穿透、引燃、引爆其中任一事件成功发生，目标均可毁伤，则随机单个破片的综合毁伤条件概率为

$$P_{hm}=1-(1-P_{hp})(1-P_{hc})(1-P_{he})$$

第四节　弹药威力评价指标

弹药威力，包括导弹战斗部及其他弹药的威力，有时也称为杀伤力(对有生目标)及毁伤力(对其他目标)。通常，用于评价弹药威力的指标，有物理指标，如 W_{TNT}、mv^c、Δp、I_{sw} 等；还有概率指标，如毁伤目标的条件概率、毁伤目标数的数学期望等。在武器效能评估中，一般使用后者，而前者则广泛用作概率计算过程的参量。由于概率指标比较抽象，使用起来不那么直接，所以又引入了毁伤(或杀伤)面积的指标。

一、威力半径

在炮弹、导弹与火箭射击效能评估中，弹药的威力半径是非常重要的参数。一般情况下，对于毁伤(杀伤)概率在95%以上的毁伤半径，就被约定俗成地称作弹药的威力半径 R_z。其值介于有效毁伤半径 R_{ef} 和绝对毁伤半径 R_{ab} 之间，且与后者略为接近。

弹药毁伤目标的事件，是典型的随机事件。它随着弹药自身的爆炸过程、环境条件、目标性质差别，乃至个体之间的差异等因素，而显现出特定的随机性。所以 R_z 的具体数值，也高度

地依赖于目标和弹药的性质、毁伤环境以及其他各种条件。总的来说，R_z 的具体数值与 BTC 组合（弹-靶-判据组合）有着密切的关系。对于复杂目标和有生目标，由于其个体差异较大，其毁伤效果的离散度也较大。所以，在严格评估弹药威力时，就需要用建立毁伤作用场的方法来解决此类问题。但在许多情况下，往往需要尽快地获知评估结果。于是，尽可能地建立简洁的形式，还是具有很大实用价值的。如在进行导弹的射击精度评估时，在采用坐标毁伤律的前提下，都要用到弹药的毁伤半径 R_z，这时的 R_z 就允许是"粗略"的。而要进一步取得较为精确的评估，还可以用导弹战斗部威力评估阶段作为补充。

（一）按冲量毁伤机制估算的弹药毁伤半径

适用于小量常规装药的爆轰

$$R_z = K \sqrt{W_{TNT}}$$

式中的系数 K 随目标种类的不同而变化，见表 5-9。

表 5-9　威力系数 K 值

目标	损坏程度	K 值
飞机	结构程度	1
机车	破坏	1~6
舰艇	甲板建筑破坏	0.44
非装甲船舶	结构破坏	0.375
装配的玻璃	破碎	7~9
木板墙	破坏	0.7
砖墙	破坏	0.4
砖墙	裂缝	0.6
木石建筑物	破坏	2.0
混凝土墙板	严重破坏	0.25

（二）弹药直接命中土木工事或钢筋混凝土工事及建筑物的威力计算

可按超压机制估算的弹药成力半径进行计算：

$$R_z = K_1 \sqrt[3]{W_{TNT}}$$

式中：毁伤系数 K_1 的值见表 5-10。

表 5-10　直接命中时的 K_1 值

介质	$K_1/(m \cdot kg^{1/3})$	介质	$K_1/(m \cdot kg^{1/3})$
松软土地	1.40	砖砌体	0.97
荒地	1.07	混凝土	0.71~0.85
砂石地	1.00~1.04	石建筑物	0.84
砂岩、石灰岩	0.90~0.92	钢筋混凝土	0.42~0.51
含沙泥土	0.96		

(三)对于人员的致死半径

对于人员等有生目标,由于目标情况和毁伤机制复杂,个体差异较大,故给出的公式也比较复杂。通常有：

对大集团装药

$$R_z = 2.7 \sqrt[3]{W_{TNT}}$$

对于小量装药

$$R_z = 0.11 \sqrt[3]{W_{TNT}^2}$$

在第二次世界大战中,对人员致死半径的计算,常用下列公式：

$$R_z = 1.1 \sqrt{W_{TNT}}$$

二、概率指标

表征弹药威力的概率指标主要是某种目标被该种弹药命中即达毁伤的条件概率 $P(K|H)$,在确定这一指标的数值时,有 3 个必要前提：使用何种毁伤判据,即对于毁伤结果有什么要求；使用何种特定的弹种；攻击何种特定的目标。所以,$P(K|H)$ 必须和特定的战术要求及特定的"弹-靶"组合相对应。

对于弹药来说,在一次射击中,往往不只抛射一种毁伤元件,也不只释放出一种毁伤因素。因此,弹药对目标的毁伤是综合性的毁伤,概率 $P(K|H)$ 也是综合性毁伤的条件概率,可记为 $P^*(M|H)$,或简记为 P_{hm}^*。由于一发弹药的各种毁伤元件和毁伤因素之间存在着相容性,所以需用它们毁伤目标的对立事件(即未能毁伤)的概率 $P(\bar{K}|H)$ 进行计算。

使用不同的武器打击不同类型的目标,与之对应的毁伤效果指标也不尽相同。对单个目标打击,其目的是毁伤该目标,使之丧失应有的能力。这时,预期效果的好坏就表现在毁伤目标概率的大小。因此,对单个目标打击,通常选用毁伤目标概率作为效果指标。对面状目标突击,通常不可能也没有必要将其全部毁伤,只需毁伤它一部分,或者使其丧失一部分能力。比如打击集结地域等面积目标时,并不需要将集结地内所有力量全部毁伤,而只需毁伤其中的一部分有生力量,即可使其丧失作战能力。所以通常采用平均毁伤百分数作为毁伤面状目标的效果指标,平均毁伤百分数的大小体现了对目标的毁伤程度。例如,平均毁伤百分数为60%～70%,认为目标被摧毁,目标在较长时间内不具备作战能力；平均毁伤百分数为20%～30%,认为目标被压制,目标在短时间内不具备作战能力。机场跑道虽然属于面状目标,但是是一类特殊的面状目标,因此选取的效果指标不同于一般的面状目标。封锁机场跑道,并不需要破坏整个跑道,通常是在跑道中心线上均匀地选择几个瞄准点,对每个点用一定的兵力实施突击,将跑道炸成几段。只要使跑道完好地段的长度不能保障敌机起飞或者降落,就是完成了封锁机场的任务。因此,通常采用完成封锁任务的概率作为效果指标。

毁伤目标效果的好坏,主要与射击精度、直升机载弹量、直升机数量、目标大小、机载武器对目标的破坏效果、电子干扰及目标防护效果等主要因素有关。射击准确性越高、直升机载弹量越大、直升机的数量越多、弹药对目标的破坏效果越大,对目标的毁伤效果也就越好。

三、毁伤面积

弹药对目标破坏性的最简单的情况就是弹药直接命中目标,而且一旦命中,目标就被摧毁。在这种情况下,单发弹药毁伤目标的概率恰恰就是弹药命中一定面积的概率,此面积可称为毁伤幅员(或杀伤面积)。火箭弹爆炸产生破片场和冲击波场作用于目标,因此,多数情况下,火箭杀爆弹不必命中就可摧毁目标,例如对于人员,毁伤幅员显然增加。所以,可用动态作用下的毁伤幅员度量弹药对给定目标毁伤效能,即度量弹药摧毁给定目标的能力。

第六章　直升机对地攻击效能评估

直升机对地攻击主要是直升机机载火力从空中对地(水)面目标实施的进攻行动。对地攻击的主要任务是攻击敌装甲、水面目标,支援地(水)面部队作战,攻击敌指挥、控制、通信、情报设施,以及敌机场、军港、技术兵器阵地等重要目标。机载武器主要有空地导弹、火箭弹、航枪(炮)等,攻击方式主要有悬停攻击、平飞攻击、俯冲攻击等。

第一节　作战过程及效能评估方法

一、作战过程

武装直升机的作战过程主要分为 3 个阶段:①平台机动阶段,指直升机受领任务后向任务区飞行的阶段;②任务处理阶段,指直升机到达任务区后利用任务设备实施侦察、目标识别、跟踪和射击瞄准的阶段;③武器攻击阶段,指瞄准目标、形成发射条件后的武器发射、向目标飞行和战斗部引爆、毁伤任务目标的阶段。武装直升机攻击任务目标的主要行动和实施过程如图 6-1 所示。

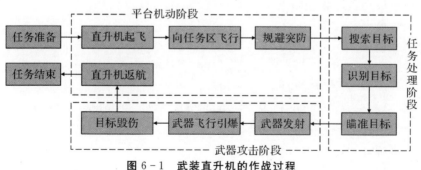

图 6-1　武装直升机的作战过程

二、效能评估方法

武装直升机的效能是直升机平台、任务设备和武器系统效能的综合,体现在武装直升机作战的全过程。平台机动阶段武装直升机的效能主要是直升机平台的飞行速度、过载能力、航程和机动规避能力等;任务处理阶段武装直升机的效能体现在各类任务设备(如搜索瞄准指示系统、火控系统、导航系统、综合任务处理系统)的使用效能上,如探测距离、识别概率、导航精度等;武器攻击阶段武装直升机的效能与武器的类型、型号和战斗部的作战方式有关,主要评价指标有武器发射能力、作战距离、命中率、毁伤能力等。

武装直升机对地面目标的杀伤概率与地面目标的类型及其易损性、攻击方法、机载武器的精度、武器系统的可靠性等因素密切相关。从作战使用角度来看,机载武器是否能有效地杀伤地面目标取决于各类武器弹药能否成功发射以及发射成功后是否毁伤了地面目标。因此,机载武器对地面目标的杀伤概率应该表示为射弹成功发射的概率和发射成功后毁伤地面目标概率的乘积,前者是武器系统可靠性的重要指标,后者取决于武器的射击效率。

直升机空地攻击效能评估计算公式为[①]

$$C = \left[\ln(B) \times b_1 + \ln\left(\sum A_1 + l\right) + \ln\left(\sum A_2 + l\right)\right] \times C_1 \times S_1 \times H_1 \times D_1$$

式中:B —— 机动性能参数;

b_1 —— 操纵效能系数,一般仪表及液压助力操纵取 0.7,有平显时取 0.8;电传操纵,有平显及数据总线时取 0.9,如配有头盔瞄准具再加 0.05;

A_1 —— 武器性能参数;

A_2 —— 探测能力参数;

C_1 —— 隐蔽系数;

S_1 —— 装甲系数;

H_1 —— 航程系数;

D_1 —— 电子对抗能力系数。

各项系数的计算如下:

$$B = (V_{\max}/300) + (H_d/5\,000) + (N_{\gamma\max} - N_{\gamma\min})/4 + (V_y/10)$$

其中:$V_{\max}$ —— 最大速度(km/h);

H_d —— 动升限(km);

$N_{\gamma\max}$ —— 最大正过载,

$N_{\gamma\min}$ —— 最小负过载(g);

V_y —— 最大爬升率(m/s)。

A_1 的计算式为

$$A_1 = A_{1炮} + A_{1火} + A_{1导}$$

其中

$$A_{1炮} = (F_r/1\,200)(V_0/1\,000)^2(D/30)(n/500)(1 + \beta/360)$$

式中:F_r —— 射速(发/min);

V_0 —— 弹丸初速(m/s);

D —— 口径(mm);

n —— 配备弹药数量;

β —— 炮架活动角(°)。

$$A_{1火} = (D_f/20)M_{\max}\frac{1}{A_s}\frac{G_D}{5}n$$

式中:D_f —— 有效射程(km);

[①] 吕宜宏. 陆军航空兵运筹学. 北京:军事科学出版社,2015.

$M_{\max}$ —— 火箭速度(Ma);

n —— 挂载数量;

A_s —— 火箭散布精度;

G_D —— 战斗部质量(kg)。

$$A_{1导} = \frac{D_s}{2} M_{\max} K \frac{G_D}{5} \sqrt{n}$$

式中:D_s —— 有效射程(km);

$M_{\max}$ —— 导弹速度(Ma);

G_D —— 战斗部质量(kg);

n —— 挂载数量;

K —— 制导方式,取值原则为:有线指令制导取 0.7,无线指令制导取 0.8,波束制导取 0.9,全自动寻的取 1.0。

$\sum A_2$ 为

$$\sum A_2 = A_2^r + A_2^{Rr} + A_2^{目}$$

其中:A_2^r 和 A_2^{Rr} 可用下式计算:

$$A_2^r = A_2 \left(\frac{D_0^2}{4}\right) \times \left(\frac{\beta_s}{360}\right) \times P_0 \times K$$

式中:D_0 —— 有效距离;

β_s —— 总搜索方位角;

P_0 —— 发现概率;

K —— 设备系数,不同的设备 K 值不同,具体来说,同空战直升机的取值一致。对于红外夜视仪:单元件亮点式 0.3,多元件亮点式 0.5,有搜索跟踪能力 0.7~0.9,微光夜视设备 0.85,如有激光测距能力,K 值再加 0.05。对于雷达:测距器取 0.3,无角跟踪能力 0.5,圆锥扫描雷达 0.6,脉冲多普勒 0.8~1.0。

$A_2^{目}$ 为目视能力。

C_1 为隐蔽系数,计算式为

$$C_1 = \frac{1}{4} \left[\left(\frac{150}{S_0}\right)^{0.25} + \left(\frac{10 \times 2 \times 2}{l \times w \times h}\right)^{0.25} + S + \varepsilon_{1噪} \right]$$

式中:S_0 —— 桨盘面积;

l, w, h —— 直升机的几何长、宽和高;

$\varepsilon_{1噪}$ —— 噪声隐蔽系数;

S —— 闪光系数,取值视 F_f 而定,即 $F_f = $ 主翼转速 × 桨叶数。

当 $F_f > 22$ Hz 时,S 取 1.0;$F_f \leq 10$ Hz 时,S 取 0.79;F_f 在 10~22 Hz 之间,S 按 $S = 0.79 + 0.05(F_f - 10)/3$ 取值。$\varepsilon_{1噪}$ 按 $\varepsilon_{1噪} = \lg^{-1}[(80-N)/60]$ 取值(N 为直升机噪声声强级)。

S_1 的取值可参考空战直升机的取值:动力装置装甲防护 0.1,飞行员座舱防护 0.18,操纵装置装甲防护 0.32,燃油系统防护 0.40,H_1 为航程系数,$H_1 = (S_0/500)^{0.25}$,S_0 为机内燃油所能持续的航程。

D_1 为电子对抗能力系数,可根据实战演习或实验结果在 1.05~1.2 之间取值。

空地攻击能力评估的指标项一般有命中概率、毁伤概率、圆概率误差、毁伤目标数的数学期望、相对毁伤面积等。

三、射击效能

射击效能是指射击对目标的毁伤程度,或指完成给定战斗任务的有效程度,所以射击效能反映了武器在完成射击任务时对目标毁伤的能力。在此,目标毁伤可以是目标被彻底摧毁,也可以是目标的战术功能丧失或降低。对于两种不同的射击方法,其他条件均相同,发射相同数盘的弹药,平均能给敌人更大毁伤或更大把握完成射击任务的就认为其效能较高,或者虽然取得相同的毁伤效果,但所需的平均弹药消耗量较少者,认为其效能较高。因此,射击效能的大小不仅与武器种类有关,也与射击方法有关。

射击效能指标是用于评定武器系统在一定射击条件下射击效能高低的指标。由于射击中受很多随机因素干扰,所以实际的射击结果是一种随机现象。一般用某种概率数值来表示射击效能指标,表示武器系统在一定条件下的射击结果的统计规律性,通过用某种事件发生的概率或某随机变量的数学期望、方差等来表示,如发射 N 发弹完成射击任务的概率,对群目标射击时毁伤单位目标数的数学期望和方差,杀伤一个目标所需的平均弹药消耗量等,一般可用以下两种指标来描述。

(一) 射击任务完成的可能性

射击任务完成的可能性表示的是完成射击任务时可能性大小的概率数值,如可用 A 表示"完成射击任务"这一事件,则射击可靠性指标就是事件出现的概率 $P(A)$。因为在某些射击情况下,由于弹药(时间)有一定的限制,射击任务可能完成,也可能无法完成,这时用可靠性指标就能反映出射击的效率。根据目标的情况不同,可靠性指标还可以分为以下 3 种形式。

1. 对单个目标的射击

此时毁伤目标即表示完成了任务,完成任务的概率便是毁伤目标的概率,如对目标发射 N 发弹,则用

$$P(A) = \sum_{k=1}^{N} P(k) P(A/k)$$

式中:$P(k)$ —— 发射 N 发命中 k 发的概率;

$P(A/k)$ —— 命中 k 发条件下毁伤目标的概率。

2. 对集群目标的射击

这时完成任务往往与毁伤的单位目标相对数有关,而毁伤单位目标相对数 U 是一个离散型随机变量,此时的可靠性指标表示为

$$P(A) = \sum_{k=1}^{N} P(\mu_i) \cdot P(A/\mu_i)$$

式中:N —— 集群目标中的单位目标数量;

$P(\mu_i)$ —— 毁伤的相对目标数为 U 的概率。

3. 对面目标的射击

对目标的毁伤程度用相对毁伤面积 U 来表示，它是连续型随机变量，故

$$P(A) = \int_0^1 P(A/\mu) dF(\mu)$$

式中：$F(\mu)$ —— U 的分布函数；

$P(A/\mu)$ —— 相对毁伤面积为 μ 的条件下毁伤目标的概率。

（二）对目标的毁伤能力

对目标的毁伤能力指标用于表示由射击所造成的目标毁伤程度，主要用于集群目标和面目标。因为在对集群目标和面目标射击时，总是希望尽可能多地毁伤集群目标中的单位目标数或相对数，以及面目标中的面积或相对面积，故通常取目标毁伤部分的数学期望作为射击效能指标，并统一写为

$$M(U) = \int \mu dF(\mu)$$

式中：μ —— 目标被毁伤部分 μ 的可能值，若 μ 的计量单位是单位目标的相对数或相对面积，则积分限位 $0 \sim 1$；

$F(\mu)$ —— U 的分布函数；

$M(U)$ —— U 的数学期望。

另外，还用目标的毁伤部分的方差 $D(U)$ 或均方差 $\sigma(U)$ 作为辅助指标，有

$$D(U) = \sigma^2(U) = \iint [\mu - M(U)]^2 dF(\mu)$$

设集群目标的相对毁伤数为 μ_i 条件下毁伤目标的概率为 μ_i，即

$$P(A/\mu_i) = \mu_i$$

则毁伤目标的概率为

$$P(A) = \sum_{i=1}^n P(\mu_i) \cdot P(A/\mu_i) = \sum_{i=1}^n \mu_i P(\mu_i) = M(U)$$

所以，从 $M(U)$ 可以看出完成任务的可靠程度。

第二节　机载武器投射弹药落点的概率分布

机载武器投射精度的定量评估，以各种武器对不同目标的命中概率及其落点概率分布的数字特征（期望、方差或圆概率偏差）为指标。落点的随机分布具有多种规律，这里主要采用正态分布和瑞利分布形态进行研究。

一、正态分布

（一）瞄准点与目标相重合时的分布

武器在空中实施射击时，当落点分布在水平面或垂直面的二维情况下，如果落点散布为明

显的椭圆形,且该椭圆形的轴线与目标轴线不一致时,就须采用二维正态分布的联合分布密度函数形式建模。其中,需导出其相关系数及其点矩(即协方差),这就会造成解算的麻烦。但机载武器投射,其落点散布椭圆长、短轴的长度相差并不太大,且在一般情况下,均可认为武器发射的轴线与目标轴线一致,所以一般采用在水平面上二维正态分布的边缘分布密度 $p(x)$、$p(z)$ 或在垂直面上的正态边缘分布密度 $p(y)$、$p(z)$ 来进行处理。

1. 对于投影于水平面上的目标

在水平面上,二维正态分布的边缘分布密度为

$$\begin{cases} p(x) = \dfrac{1}{\sqrt{2\pi}\,\sigma_x}\exp\left(-\dfrac{x^2}{2\,\sigma_x^2}\right) \\ p(z) = \dfrac{1}{\sqrt{2\pi}\,\sigma_z}\exp\left(-\dfrac{x^2}{2\,\sigma_z^2}\right) \end{cases}$$

式中:σ_x —— 纵向(沿射向)正态分布的均方差(m);

σ_z —— 横向(与射向垂直)正态分布的均方差(m)。

2. 对于投影于垂直平面上的目标

在垂直面上,二维正态分布的边缘分布密度为

$$\begin{cases} p(x) = \dfrac{1}{\sqrt{2\pi}\,\sigma_y}\exp\left(-\dfrac{x^2}{2\,\sigma_y^2}\right) \\ p(y) = \dfrac{1}{\sqrt{2\pi}\,\sigma_z}\exp\left(-\dfrac{x^2}{2\,\sigma_x^2}\right) \end{cases}$$

式中:σ_x —— 纵向(沿射向)正态分布的均方差(m);

σ_y —— 垂直(与重力方向一致)正态分布的均方差(m)。

(二) 瞄准点与目标中心不相重合的情况

在瞄准点与目标中心不相重合的情况下,需在上面的公式中,分别引入沿 x、y、z 方向的落点分布(密集度)中心对于瞄准点偏差距离的均值 μ_x、μ_y、μ_z,依次称为沿 x、y、z 方向的数学期望。

1. 对于投影于水平面上的目标

对于投影于水平面上的目标,简称"水平目标",在瞄准点与目标中心不相重合的情况下,其二维正态分布的边缘分布密度为

$$\begin{cases} p(x) = \dfrac{1}{\sqrt{2\pi}\,\sigma_x}\exp\left(-\dfrac{(x-\mu_x)^2}{2\,\sigma_x^2}\right) \\ p(z) = \dfrac{1}{\sqrt{2\pi}\,\sigma_z}\exp\left(-\dfrac{(z-\mu_x)^2}{2\,\sigma_z^2}\right) \end{cases}$$

2. 对于投影于垂直面上的目标

对于投影于垂直面上的目标,简称"垂直目标",在瞄准点与目标中心不相重合的情况下,其二维正态分布的边缘分布密度为

$$\begin{cases} p(z) = \dfrac{1}{\sqrt{2\pi}\,\sigma_y}\exp\left[-\dfrac{(x-\mu_y)^2}{2\,\sigma_y^2}\right] \\ p(y) = \dfrac{1}{\sqrt{2\pi}\,\sigma_z}\exp\left[-\dfrac{(z-\mu_z)^2}{2\,\sigma_z^2}\right] \end{cases}$$

二、瑞利分布

瑞利分布适合瞄准点与目标中心重合，且落点散布基本上呈现为圆形时，即 $\sigma_z \approx \sigma_y = \sigma$ 的情况。使用瑞利分布，可以把二维的正态分布，简化为一维形式求解，且能够直接进行积分，得到解析解的原函数，因而给使用和建模带来极大的方便。

令水平面和垂直面上由原点引出的矢径分别为

$$\begin{cases} r_L = \sqrt{x^2 + y^2} \\ r_V = \sqrt{y^2 + z^2} \end{cases}$$

式中：r_L、r_V—— 在两个平面上落点与瞄准点之间的偏差值（脱靶量，m）。

瑞利分布的密度函数 $p(r)$ 的表达式为

$$p(r) = \dfrac{r}{\sigma^2}\exp\left(-\dfrac{r^2}{2\,\sigma^2}\right)$$

式中：σ—— 正态分布的均方差（m）。

所以，瑞利分布本质上仍是正态的，只不过它表现为一维形式。

三、均方差和圆概率偏差

均方差 σ 和圆概率偏差 CEP，都是弹药投射落点概率分布的主要数字特征。

（一）均方差 σ

由于在通常情况下沿各轴向的均方差 $\sigma_x \neq \sigma_z$，$\sigma_y \neq \sigma_z$，故应采用如下计算方法。

水平面上：

$$\begin{cases} \sigma_{Ll} = \max\{\sigma_x, \sigma_z\} \\ \sigma_{Sl} = \min\{\sigma_x, \sigma_z\} \end{cases}$$

垂直面上：

$$\begin{cases} \sigma_{Lv} = \max\{\sigma_y, \sigma_z\} \\ \sigma_{Sv} = \min\{\sigma_y, \sigma_z\} \end{cases}$$

当 $\sigma_S : \sigma_L = 0.28 \sim 1.00$ 时，可令 $\sigma = 0.477\,\sigma_L + 0.523\,\sigma_S$。

式中：σ 在水平面上应记为 σ_l，在垂直面上应记为 σ_v。

（二）圆概率偏差

由射击理论可知，武器投射的概率偏差中，包括系统误差和随机误差两种分量。前者形成以瞄准点为中心的规则的平均落点分布；后者则形成以平均落点为中心的随机散布，称为落点分布的密集度。

在目标投影平面上,以相同射击条件独立地发射一组射弹,弹数中 50% 随机落入的圆域半径,即为圆概率偏差 CEP,也可描述为落入以散布中心为圆心的某个圆内的概率为 0.5 时,此圆的半径。所以,在 CEP 中不仅包含了圆密集度的成分,同时也包含了不可预知和无法修正的那部分系统偏差的成分。

圆概率偏差 CEP 与均方差 σ 的关系为

$$\text{CEP} = 1.177\,41\sigma;\ \sigma = 0.849\,32\,\text{CEP}$$

应指出式中的 σ,同样也包含了那部分不可预知和无法修正的系统偏差成分。

第三节 机载武器射击精度

与射击误差中的系统偏差和随机偏差相对应,射击精度可分为射击准确度和密集度两部分。系统偏差的大小决定射击准确度,随机偏差则决定武器的射击密集度。通常采用射击的概率偏差和圆概率偏差两种方法进行射击精度的指标表征。大量实践表明,武器投射的射击偏差服从正态分布,因此,射击准确度和密集度的指标均可用随机变量的数字特征——方差和数学期望来表示。对于火箭弹,由于落角较大,并且距离概率偏差和方向概率偏差较大,通常采用圆概率偏差来表示。对武器投射精度的评估,主要步骤是:① 选择其概率分布形态;② 决定概率分布的数字特征(期望及方差)。前者通常大多取正态分布和瑞利分布形态;后者可采用理论分析或实验统计方法进行估值,有时还可采用少量实验样本的经验数据估算方法。对于不同的机载武器,其产生投射偏差的因素不尽相同,通常可分为制导武器、非制导武器两大类分别进行分析。制导武器的情况比较复杂,由于导引机制和控制方式的不同,其分析方法也各有差异;非制导武器通常是自由飞行弹道型,所以分析起来较为简单。

一、武器投射偏差

(一) 分类

1. 制导武器投射偏差

直升机使用的制导武器,一般有目视指令制导和自主制导(发射后不管)两种情况。

(1) 目视指令制导。直升机配备的近程(<5 000 m)反坦克导弹多属于目视跟踪指令制导的这类武器,其射击偏差主要包括:

1) 制导偏差,包括硬件造成的偏差-工具偏差,软件造成的偏差-方法偏差。

2) 非制导偏差,包括气象干扰、弹道条件干扰、地形条件等偏差。

3) 人为偏差。目视指令(有线或无线)制导系统,均有人员参与在系统回路内,同时起着顺馈和反馈环节的主导作用。人的能力、技巧、反应速度、可靠性等差异,乃至习惯和行为的个体差异及时间差异,使有人参与系统的分析变得更加复杂和不确定。当然,人为偏差也可列为非制导偏差,为了分析方便,通常单独列项。

(2) 自主制导。自主制导武器的偏差，主要是制导偏差（工具、方法偏差）和非制导偏差（弹道条件、气象条件、地形条件、瞄准和目标定位的偏差等）。有的属于系统偏差，其中可预知或可探测的分量，能够于发射前及着靶前加以修正。而其中大部分，是不可预知和不可探测或探测精度不足的，还有大部分直接属于随机偏差，此二者均需纳入导弹落点的密集度进行分析。

2. 非制导武器的偏差

机载非制导武器，主要为航空机枪、航空火炮和航空火箭武器。机载非制导武器的投射偏差也包括系统偏差和随机偏差两种。同样，有的系统偏差可预先修正，而有些只能通过对射击后的落点（炸点）偏差的测量来加以修正。

非制导武器偏差的产生，通常是由瞄准误差、目标定位误差、气象条件和弹道条件误差所造成的。由于非制导武器弹药便宜，发射实验相对简单，且存在弹道的相似性等因素，故对其射击随机偏差和落点密集度的估值，通常已由武器的研发部门和工业部门提供，大多数还配发了详细的"射表"（经实弹射击得出，列有在各种初始条件与环境条件下，某种武器射击的外弹道参数、落点参数，以及各种修正量的数据表），这便大大地方便了武器的作战使用及对其效能的评估工作。

3. 武器平台机动和目标运动产生的射击偏差

直升机机载武器射击的一个特点，是武器的发射平台和目标均可能在相对运动。因而对射击偏差的分析，表现出一些不同于对固定目标射击的特点。总的来说，平台机动，给射击的稳定性、跟踪瞄准的准确性等带来一定程度的不利条件；目标运动，也会给目标定位、跟踪瞄准精度等带来不利影响。

（二）投射偏差分析

对于投射偏差的理论分析，可以有三个步骤：第一步，先列出偏差产生的各个因素，并定量地分析这些因素对偏差的影响；第二步，计算极限偏差；第三步，计算均方差和圆概率偏差。

1. 形成投射偏差的因素及影响

(1) 目视侦察和跟踪目标的分辨率。目视侦察和跟踪目标的分辨率，将影响到武器系统对目标以及目标结构的辨识，从而影响瞄准点位置的选择和定位的精度。

(2) 导引系统的测角误差。导引系统的测角误差又包括跟踪飞行中导弹的测角基准线误差和测量导弹目标夹角的测角误差。通常，它是影响武器投射精度的主要因素。

(3) 人的跟踪能力。对于目标的运动和载机机动，人的反应有一定滞后性，人的操作精度也具有较大的个体差异，因而在很大程度上影响了对目标的目视跟踪精度，从而影响武器的投射精度。重视和加强对人员操纵导弹技能的训练后，便可以有效地增强人的能力，从而大大减小武器的射击偏差。

(4) 载机的稳定性。在对指令制导的导弹实施跟踪时，载机不能脱离，此时，载机本身飞行状况或悬停的稳定性，对导弹的射击精度有一定影响。

(5) 制导误差。制导误差是由导弹系统自身硬件和软件缺陷所形成的。即使对于先进的武器系统，这种缺陷也总是不可避免的。制导误差只可能有数量级的区别，而不可能被完全消除。

2. 武器投射的极限偏差

武器投射的极限偏差主要包括建立坐标系,计算在球面上、水平面上和垂直面上的极限偏差。

设载机发射武器位于 O 点,取该点为坐标原点;于二维的射面 S 内,由 O 沿射击力向平行于大地平面作 x 轴;由 O 点垂直向上作 y 轴;令武器跟踪角为 θ,瞄准线为 OT;过 T 以 O 为球心、OT 为半径作球面 S';过 TL 且与 y 轴垂直的水平面为目标水平投影面,过 TV 且与 x 轴垂直的垂直面为目标垂直投影面,如图 6-2 所示。

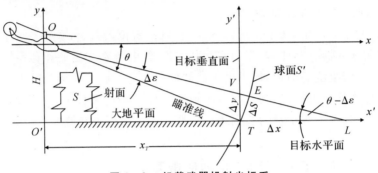

图 6-2 机载武器投射坐标系

(1) 球面上的极限偏差。设武器发射时有瞄准线误差 $\Delta\varepsilon_i, i=1,2,3,\cdots,n$,则在球面 S' 上形成 TE_i 偏差,记为 ΔS_i。于是有

$$\Delta S_i = \Delta\varepsilon_i \frac{x_T}{\cos\theta}$$

又设在球面 S' 上,射击偏差呈现为圆密集度分布,并且由多种误差因素形成球面上的偏差 ΔS,已知共有 n 种角误差因素,则可列出:

$$\Delta S = \sqrt{\Delta S_1^2 + \Delta S_2^2 + \cdots + \Delta S_n^2} \tag{6-1}$$

其中

$$\left.\begin{aligned}\Delta S_1 &= \Delta\varepsilon_1 \tfrac{x_T}{\cos\theta}\\ \Delta S_2 &= \Delta\varepsilon_2 \tfrac{x_T}{\cos\theta}\\ &\cdots\cdots\\ \Delta S_n &= \Delta\varepsilon_n \tfrac{x_T}{\cos\theta}\end{aligned}\right\} \tag{6-2}$$

此外,尚有与角误差无关的偏差:

$$\Delta S_{n+1}, \Delta S_{n+2}, \cdots, \Delta S_j, \cdots, \Delta S_N$$

故式(6-1)可变化为

$$\Delta S = \sqrt{\sum_{i=1}^{n}\Delta S_i^2 + \sum_{j=n+1}^{N}\Delta S_j^2}$$

这一偏差 ΔS,就是在球面 S 上的极限偏差。

极限偏差也可展开成全增量的向量形式:

$$\Delta S = \frac{\partial S}{\partial\varepsilon_1}\Delta\varepsilon_1 + \frac{\partial S}{\partial\varepsilon_2}\Delta\varepsilon_2 + \cdots + \frac{\partial S}{\partial\varepsilon_n}\Delta\varepsilon_n + \Delta S_{n+1}\cdots$$

式中,各个偏导数是将函数 $S(\varepsilon_1,\varepsilon_2,\cdots,\varepsilon_n)$ 用泰勒级数展开,略去二次以上各项,对其进行线

性处理。实际上,各偏导数都等于式(6-2)中的 $\dfrac{x_T}{\cos\theta}$,即有

$$\frac{\partial S}{\partial \varepsilon_1} = \frac{\partial S}{\partial \varepsilon_2} = \cdots = \frac{\partial S}{\partial \varepsilon_n} = \frac{x_T}{\cos\theta}$$

(2)在水平面和垂直面上的极限偏差(内容略)。

(3)武器投射偏差概率分布的均分差和圆概率偏差(内容略)。

二、直升机机载空地导弹武器的射击精度

此处研究的主要是目视跟踪指令指导的反坦克导弹,包括研究其射击误差。

(一)射击误差

1. 瞄准误差 $\Delta\varepsilon_A$

这是一种由光学仪器和人相结合对目标观测的分辨率所形成的角误差。通常达到:

$$\Delta\varepsilon_A = 0.05 \text{ mrad} = 0.5 \times 10^{-4} \text{ rad}$$

式中:mrad 表示毫弧度。

当采用目视光学仪器瞄准时,$\Delta\varepsilon_A$ 会引起瞄准点纵向和横向的偏移。

2. 测角误差

这是由导弹制导系统中的测角基准线误差 $\Delta\varepsilon_L$ 和测量误差 $\Delta\varepsilon_M$ 组成的。通常

$$\Delta\varepsilon_L = 0.05 \text{ mrad} = 0.5 \times 10^{-4} \text{ rad}$$

$$\Delta\varepsilon_M = 0.04 \sim 0.07 \text{ mrad} = 0.4 \times 10^{-4} \sim 0.7 \times 10^{-4} \text{ rad}$$

3. 跟踪误差 $\Delta\tau_f$

此误差与人的生理反应能力大小有关,它表现为一种时间的滞后量。因此,$\Delta\tau_f$ 是一种时间误差,具有明显的个体差异,对于反应灵敏和受过训练的人,这一误差可能较小,反之则较大。同时,对于观测目标运动状态的变化,$\Delta\tau_f$ 也很敏感,变化频率高、速度快,则 $\Delta\tau_f$ 较大,反之较小。对于一般人员,跟踪中等频率和角速度变化的目标,取 $\Delta\tau_f = 100 \text{ ms} = 0.1 \text{ s}$。

4. 载机的稳定性 $\Delta\varepsilon_S$

导弹发射后,跟踪过程中,载机的不规则机动、发动机和旋翼造成的振动,都会造成附加的瞄准误差,通常可取

$$\Delta\varepsilon_S = k\Delta\varepsilon_A$$

式中:k——一个大于0的系数,根据战场环境和直升机性能,可灵活加以选择,一般取值大于1。

5. 导弹制导误差 $\Delta\varepsilon_g$

这是由靶场实验给定的误差,此项与导弹的射距离(即发射点与目标之间的距离)无关,而仅仅取决于导弹的性能。通常反坦克导弹取 $\Delta\varepsilon_g = 0.3 \sim 0.4 \text{ m}$。

(二)射击偏差诸分量

将上述各种误差分量转化为对目标射击的偏差各个分量:

$$\begin{cases} \Delta S_A = \Delta \varepsilon_A x_T/\cos\theta \\ \Delta S_L = \Delta \varepsilon_L x_T/\cos\theta \\ \Delta S_M = \Delta \varepsilon_M x_T/\cos\theta \\ \Delta S_S = \Delta \varepsilon_S x_T/\cos\theta \end{cases}$$

关于跟踪误差形成的偏差分量 ΔS_f，则与跟踪目标过程中载机和目标之间的相对运动有关。图 6-3 便表示了它们之间的关系。

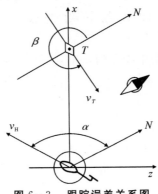

图 6-3 跟踪误差关系图

图 6-3 中，以直升机为原点 O，建立 O_{xyz} 直升机坐标系（Y 轴向上）。α 为直升机航路角（单位：rad），v_H 为其水平机动速度之模（单位：m/s）；β 为目标运动航路角（单位：rad），v_T 为目标运动速度之模（单位：m/s）。于是可列出

$$\Delta S_f = \Delta \tau_f (v_T \sin\beta + v_H \sin\alpha)$$

导弹的制导误差 ΔS_g 可直接取值。

(三) 射击偏差的综合

射击偏差的综合为

$$\Delta S = \sqrt{\Delta S_A^2 + \Delta S_L^2 + \Delta S_M^2 + \Delta S_S^2 + \Delta S_f^2 + \Delta S_g^2}$$

三、直升机机载非制导武器的射击偏差

非制导武器的弹丸是沿其特定的外弹道自由飞行的，而不是像制导武器那样沿瞄准线飞行，所以其误差分量的计算应按照外弹道的有关公式计算。

机载非制导武器的误差中包括：瞄准误差 ΔS_A，载机稳定误差 ΔS_S，载机与目标之间相对运动误差 ΔS_R，射弹随机散布 ΔS_d。可列出：

$$\begin{cases} \Delta S_A = \Delta \varepsilon_A \hat{A} \\ \Delta S_S = K \Delta \varepsilon_A \hat{A} \\ \Delta S_R = \Delta \tau_R (v_H \sin\alpha + v_T \sin\beta) \\ \Delta S_d \text{ 直接取值} \end{cases}$$

式中：$\Delta \tau_R$ —— 发射武器瞬间，由于人的反应能力而产生的滞后时间（s）。

需要附带说明,$\Delta \tau_R$ 和 $\Delta \tau_f$ 都是与载机-目标之间相对运动有关的量,当相对运动为匀速直线运动,或相对静止时,$\Delta \tau$ 之值可适当缩小,幅度可为原数值的 $1/3 \sim 1/5$。

列出非制导武器-火箭弹、航炮和机枪的射击综合偏差 ΔS:

$$\Delta S = \sqrt{\Delta S_A^2 + \Delta S_L^2 + \Delta S_M^2 + \Delta S_g^2}$$

第四节　对地攻击效能评估

一、机载火箭弹的毁伤效能

(一) 机载火箭弹的射弹散布规律

根据射弹散布的相关理论,受气象条件、目标参数测量误差、瞄准系统误差、武装直升机机体稳定性等多种随机因素的影响,武装直升机发射的火箭弹实际爆炸点相对于理想爆炸点存在着一定的随机偏差,称为火箭弹的散布,火箭弹爆炸点的散布率可用其坐标的密度函数表示,当瞄准点为坐标原点,x、y 坐标轴与火箭弹的主散布轴平行时,火箭弹爆炸点坐标的密度函数可以表示为

$$f(x,y) = \frac{1}{2\pi\sigma_x\sigma_y} e^{-\frac{1}{2}\left(\frac{(x-\bar{x})^2}{\sigma_x^2} + \frac{(y-\bar{y})^2}{\sigma_y^2}\right)}$$

式中:$\bar{x},\bar{y}$ ——火箭弹散布中心坐标,称为系统误差;

$\bar{x}$ ——距离误差;

$\bar{y}$ ——方向误差;

σ_x,σ_y ——火箭弹爆炸点坐标 x、y 的均方差,即距离误差和方向误差的均方差,称为散布误差(随机误差)。

武装直升机机载火箭弹对地攻击时的射击误差主要由系统误差和散布误差(随机误差)组成。其中系统误差主要由弹道处理误差、平显误差、随动挂架协调误差、平显系统中驾驶员显示组件安装误差、飞行员瞄准平均误差、发射器安装误差、发射器校靶交会点影响、发射管长度差异、发射管的不平行度决定,可以在各系统的技术说明书和相关资料中查取。散布误差(随机误差)主要由外界风、武装直升机旋翼下洗气流、武装直升机迎角和侧滑角、发射火箭弹时武装直升机的高度和攻击角度等因素决定。

一般来讲,距离散布比方向散布大,并且随攻击角度增加,这种差异越来越明显。在一定高度上,距离散布和方向散布都会随着攻击角度增大而增大,这是因为高度一定,随着攻击角度的增大,射程增加,距离散布和方向散布也增大。在一定的攻击角度下,对于距离散布来说,攻击高度的增加并不代表散布的增大,在小角度下,随高度增加,距离散布缓慢增大,但在大角度时,高度增加,距离散布反而减小,这是因为火箭弹射弹散布的相关理论表明火箭弹在大射程

时距离散布随着射程的增加反而减小,大角度时,虽然高度增加使射程增加,但由于射程本来很大,故攻击高度的增加反而使距离散布减小。而无论攻击角度如何,方向散布随高度的增加也缓慢地增加,这是因为高度增加,射程增加,而射弹散布的相关理论表明方向散布随射程的增加持续增加。随机误差一般可以通过大量的射击试验或统计数值模拟来确定。另外在武装直升机机载火箭弹武器系统误差、武装直升机的攻击高度、攻击角度和速度已知情况下,根据弹道计算方程也可以计算出在无风和忽略旋翼下洗气流条件下的射弹散布误差。

(二) 机载火箭弹对单个目标的杀伤

单发机载火箭弹对火力点、指挥所、通信枢纽、防空高射炮和雷达站等单个目标攻击时,对目标的命中概率可以表示为

$$P_{\text{单箭命中}} = \iint\limits_{S_\text{目}} f(x,y) \mathrm{d}x \mathrm{d}y$$

式中:$S_\text{目}$ —— 目标在火箭弹散布平面上的投影。

假设单个目标为正方形,其边长为 L,L 远小于火箭弹散布区,瞄准点为 $S_\text{目}$ 中心,火箭弹爆炸点坐标 x、y 的均方差 σ_x、σ_y 均大于 $2L$,此时可以认为火箭弹爆炸点坐标的密度函数在 $S_\text{目}$ 范围内为常数且等于 $f(x,y)$ 在 $S_\text{目}$ 中心的值 $f(0,0)$,则武装直升机机载火箭弹对单目标的命中概率为

$$P_{\text{单箭命中}} = \iint\limits_{S_\text{目}} f(x,y) \mathrm{d}x \mathrm{d}y = \iint\limits_{S_\text{目}} f(0,0) \mathrm{d}x \mathrm{d}y = \frac{S_\text{目}}{2\pi\sigma_x\sigma_y} e^{-\frac{1}{2}(\frac{\bar{x}^2}{\sigma_x^2}+\frac{\bar{y}^2}{\sigma_y^2})}$$

如果单个目标不满足上述要求,但其面积小于单发火箭弹的毁伤面积,则需要考虑单个目标的几何外形。当单个目标在火箭散布平面上的投影近似于矩形时,如图 6-4 所示。

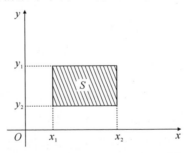

图 6-4 单个目标在火箭弹散布平面上的投影示意图

瞄准点为坐标系原点,则此时火箭弹对目标的命中概率为

$$P_{\text{单箭命中}} = \int_{y_1}^{y_2} \int_{x_1}^{x_2} \frac{1}{2\pi\sigma_x\sigma_y} e^{-\frac{1}{2}(\frac{(x-\bar{x})^2}{\sigma_x^2}+\frac{(y-\bar{y})^2}{\sigma_y^2})} \mathrm{d}x \mathrm{d}y$$

$$= \frac{1}{4}\left[\Phi\left(\frac{x_2-\bar{x}}{\sigma_x}\right) - \Phi\left(\frac{x_1-\bar{x}}{\sigma_x}\right)\right]\left[\Phi\left(\frac{y_2-\bar{y}}{\sigma_y}\right) - \Phi\left(\frac{y_1-\bar{y}}{\sigma_y}\right)\right]$$

其中:$\Phi(x) = \frac{2}{\sqrt{2\pi}} \int_0^x e^{-\frac{t^2}{2}} \mathrm{d}t$。

军事领域习惯上用中间误差 E_x、E_y 代替 σ_x、σ_y 作为火箭弹爆炸点坐标 x、y 的数字特征,其

中 $E_x = \rho\sqrt{2}\sigma_x$, $E_y = \rho\sqrt{2}\sigma_y$, $\rho = 0.4769$, 火箭弹爆炸点坐标的密度函数也可以表示为

$$f(x,y) = \frac{\rho^2}{2\pi E_x E_y} e^{-\rho\left(\frac{(x-\bar{x})^2}{E_x^2} + \frac{(y-\bar{y})^2}{E_y^2}\right)}$$

此时火箭弹对目标的命中概率可以表示为

$$P_{单箭命中} = \int_{y_1}^{y_2}\int_{x_1}^{x_2} \frac{\rho^2}{2\pi E_x E_y} e^{-\rho\left(\frac{(x-\bar{x})^2}{E_x^2} + \frac{(y-\bar{y})^2}{E_y^2}\right)} dx dy$$

$$= \frac{1}{4}\left[\hat{\Phi}\left(\frac{x_2-\bar{x}}{E_x}\right) - \hat{\Phi}\left(\frac{x_1-\bar{x}}{E_x}\right)\right]\left[\hat{\Phi}\left(\frac{y_2-\bar{y}}{E_y}\right) - \hat{\Phi}\left(\frac{y_1-\bar{y}}{E_y}\right)\right]$$

其中:$\hat{\Phi}(x) = \frac{2\rho}{\sqrt{\pi}}\int_0^x e^{-\rho^2 t^2} dt$。

此外,当目标投影近似于等概率椭圆形时,即投影近似为以散布中心为中心,长短半轴分别与主散布轴平行且长度对应成比例的椭圆时,投影图形的表达式为

$$\left(\frac{x-\bar{x}}{\sigma_x}\right)^2 + \left(\frac{y-\bar{y}}{\sigma_y}\right) \leqslant \lambda^2$$

或

$$\left(\frac{x-\bar{x}}{E_x}\right)^2 + \left(\frac{y-\bar{y}}{E_y}\right) \leqslant k^2$$

此时火箭弹对目标的命中概率可以表示为

$$P_{单箭命中} = 1 - e^{-\frac{\lambda^2}{2}}$$

或

$$P_{单箭命中} = 1 - e^{-\rho^2 k^2}$$

当目标投影近似于以散布中心为圆心、半径为 R 的圆形时,其表达式为

$$(x-\bar{x})^2 + (y-\bar{y})^2 \leqslant R^2$$

此时火箭弹对目标的命中概率可以表示为

$$P_{单箭命中} = \frac{1}{2\pi}\int_0^{2\pi}\left[1 - e^{-\frac{\lambda^2}{2(\cos^2\theta + a^2\sin^2\theta)}}\right]d\theta$$

其中:$\lambda = \frac{R}{\sigma_x}$;$a = \frac{\sigma_y}{\sigma_x}$;$\sigma_x > \sigma_y$。

单发火箭弹对单个目标的杀伤概率可以表示为

$$P_{单箭杀伤} = P_{单箭命中} \cdot P_{单箭摧毁}$$

$P_{单箭摧毁}$ 为单发火箭弹的条件摧毁概率(即命中条件下的摧毁概率),可以近似表示为

$$P_{单箭摧毁} = \frac{\sum_{i=1}^{n} S_{目i}}{S_{目}}$$

式中:$S_{目i}$——目标在火箭弹散布面上投影的第 i 个易损部分的面积;

$S_{目}$——目标在火箭弹散布面上投影的总面积。

使用 n 发火箭弹对单个目标进行杀伤时,假设每发火箭弹杀伤是独立的,并且瞄准点都是目标中心,则在成功发射了 n 发火箭弹的条件下,对单个目标杀伤的概率为

$$P_{箭杀伤} = 1 - \prod_{i=1}^{n}(1 - P_{单箭杀伤i})$$

当使用 n 发火箭弹齐射对单个目标进行杀伤时，每次齐射存在着随机集体误差，而在每次齐射中相同随机集体误差条件下，各个单发火箭弹间的杀伤是相互独立的，则第 i 枚火箭弹爆炸点的条件概率分布密度函数可以表示为

$$f_i(x_i, y_i / x_g, y_g) = \frac{1}{2\pi\sigma_{x_i}\sigma_{y_i}} e^{-\frac{1}{2}\left(\frac{(x_i - \overline{x_i} - x_g)^2}{\sigma_{x_i}^2} + \frac{(y_i - \overline{y_i} - y_g)^2}{\sigma_{y_i}^2}\right)}$$

其中，x_g、y_g 为集体随机误差，一般认为它们服从均值为 0、均方差为 σ_{xg} 和 σ_{yg} 的联合正态分布：

$$f_g(x_g, y_g) = \frac{1}{2\pi\sigma_{x_g}\sigma_{y_g}} e^{-\frac{1}{2}\left(\frac{x_g^2}{\sigma_{x_g}^2} + \frac{y_g^2}{\sigma_{y_g}^2}\right)}$$

则此时第 i 发火箭弹对单个目标的杀伤概率为

$$P(x_g, y_g)_{单箭杀伤i} = \iint_{S_目} f_i(x_i, y_i / x_g, y_g) \mathrm{d}x_i \mathrm{d}y_i \cdot P_{单箭摧毁}$$

式中：$S_目$ —— 目标在火箭弹散布面上投影的总面积；

$f_i(x_i, y_i / x_g, y_g)$ —— 第 i 枚火箭弹爆炸点坐标的条件概率分布密度函数；

$P_{单箭摧毁}$ —— 单发火箭弹条件摧毁概率（即命中条件下的摧毁概率）。

固定的集体误差 x_g、y_g 一定情况下，火箭弹齐射杀伤单个目标的概率为

$$P(x_g, y_g)_{箭杀伤} = 1 - \prod_{i=1}^{n}[1 - P(x_g, y_g)_{单箭杀伤i}]$$

则 n 发火箭弹齐射成功条件下毁伤单个目标的概率为

$$P_{箭杀伤} = \int_{-\infty}^{\infty}\int_{-\infty}^{\infty} P(x_g, y_g)_{箭杀伤} f_g(x_g, y_g) \mathrm{d}x_g \mathrm{d}y_g$$

（三）机载火箭弹对面状目标的杀伤

机载火箭弹对集结步兵、炮兵防空兵阵地、机场等防护性很弱的面状目标进行杀伤时，假定这些面状目标近似于矩形，由均匀分布着的各个作战单位组成，火箭弹对这些目标的杀伤属于面积杀伤，每枚火箭弹杀伤面积近似于正方形，可以认为被火箭弹击中面积中的目标即被摧毁，所以可以用面状目标中被火箭弹击中面积的数学期望与面状目标面积的比值，作为火箭弹对这些面状目标的平均杀伤概率，表示为

$$P_{箭杀伤} = \frac{S_箭}{S_目}$$

式中：$S_箭$ —— 面状目标中被火箭弹击中面积的数学期望；

$S_目$ —— 面状目标的总面积。

单发火箭弹对面状目标的相对杀伤面积是一个随机数，它的分布取决于火箭弹爆炸点的坐标分布，很显然火箭弹爆炸点是随机变量，设火箭弹的爆炸点坐标分布的概率密度函数为 $f(x, y)$，则单发火箭弹对易损面状目标的平均杀伤概率为

$$P_{单箭杀伤} = \frac{1}{S_目} \int_{-\infty}^{+\infty} \int_{-\infty}^{+\infty} f(x,y) X(x) Y(y) \mathrm{d}x \mathrm{d}y$$

式中：$X(x), Y(y)$ —— 由爆炸点坐标决定的被火箭弹击中面积的边长；

$S_目$ —— 面状目标的总面积；

$f(x,y)$ —— 单发火箭弹爆炸点坐标分布的密度函数。

将面状目标和单发火箭弹的杀伤面积分别用矩形和正方形表示，并且它们的相互关系如图6-5所示。

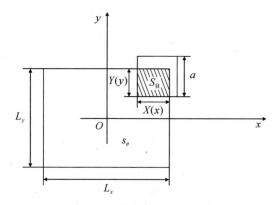

图6-5 面状目标和单发火箭弹的毁伤面积关系示意图

瞄准点（坐标系原点）为面状目标中心，L_x、L_y 为面状目标的边长，它们与两主轴 x、y 平行，a 为单发火箭弹杀伤面积的边长，a 小于 L_x、L_y，也与主轴平行，瞄准点为面状目标中心点（即坐标原点），坐标轴方向与火箭弹爆炸点散布轴方向大致相同。根据射弹散布的相关理论，此时火箭弹爆炸点坐标 x 与 y 相互独立，密度函数 $f(x,y) = f(x)f(y)$，其中

$$f(x) = \frac{1}{\sqrt{2\pi}\sigma_x} \mathrm{e}^{-\frac{(x-\bar{x})^2}{2\sigma_x^2}}, \quad f(y) = \frac{1}{\sqrt{2\pi}\sigma_y} \mathrm{e}^{-\frac{(y-\bar{y})^2}{2\sigma_y^2}}$$

单发火箭弹对面状目标的平均杀伤概率可以表示为

$$P_{单箭杀伤} = \frac{1}{L_x L_y} \int_{-\frac{L_x+a}{2}}^{\frac{L_x+a}{2}} f(x) X(x) \mathrm{d}x \int_{-\frac{L_y+a}{2}}^{\frac{L_y+a}{2}} f(y) Y(y) \mathrm{d}y$$

而函数 $X(x)$ 和 $Y(y)$ 可以表示为

$$X(x) = \begin{cases} 0, & x < -\frac{L_x+a}{2} \\ \frac{L_x+a}{2} + x, & -\frac{L_x+a}{2} \leqslant x \leqslant -\frac{L_x-a}{2} \\ a, & -\frac{L_x-a}{2} < x < \frac{L_x-a}{2} \\ \frac{L_x+a}{2} - x, & \frac{L_x-a}{2} \leqslant x \leqslant \frac{L_x+a}{2} \\ 0, & x > \frac{L_x+a}{2} \end{cases}$$

$$Y(y) = \begin{cases} 0, & y < -\dfrac{L_y+a}{2} \\ \dfrac{L_y+a}{2}+y, & -\dfrac{L_y+a}{2} \leqslant y \leqslant -\dfrac{L_y-a}{2} \\ a, & -\dfrac{L_y-a}{2} < y < \dfrac{L_y-a}{2} \\ \dfrac{L_y+a}{2}-y, & \dfrac{L_y-a}{2} \leqslant y \leqslant \dfrac{L_y+a}{2} \\ 0, & y > \dfrac{L_y+a}{2} \end{cases}$$

将 $X(x)$、$Y(y)$ 代入 $P_{单箭杀伤}$ 计算公式,得到

$$P_{单箭杀伤} = \frac{1}{L_x L_y}\left[\int_{-\frac{L_x+a}{2}}^{-\frac{L_x-a}{2}} f(x)\left(\frac{L_x+a}{2}+x\right)\mathrm{d}x + \int_{-\frac{L_x-a}{2}}^{\frac{L_x-a}{2}} af(x)\mathrm{d}x + \int_{\frac{L_x-a}{2}}^{\frac{L_x+a}{2}} f(x)\left(\frac{L_x+a}{2}-x\right)\mathrm{d}x\right]\cdot$$
$$\left[\int_{-\frac{L_y+a}{2}}^{-\frac{L_y-a}{2}} f(y)\left(\frac{L_y+a}{2}+y\right)\mathrm{d}y + \int_{-\frac{L_y-a}{2}}^{\frac{L_y-a}{2}} af(y)\mathrm{d}y + \int_{\frac{L_y-a}{2}}^{\frac{L_y+a}{2}} f(y)\left(\frac{L_y+a}{2}-y\right)\mathrm{d}y\right]$$
$$= \frac{1}{L_x L_y}\left[\int_{-\frac{L_x+a}{2}}^{\frac{L_x+a}{2}}\left(\frac{L_x+a}{2}\right)f(x)\mathrm{d}x - \int_{-\frac{L_x-a}{2}}^{\frac{L_x-a}{2}}\left(\frac{L_x-a}{2}\right)f(x)\mathrm{d}x + 2\int_{-\frac{L_x+a}{2}}^{\frac{L_x-a}{2}} xf(x)\mathrm{d}x\right]\cdot$$
$$\left[\int_{-\frac{L_y+a}{2}}^{\frac{L_y+a}{2}}\left(\frac{L_y+a}{2}\right)f(y)\mathrm{d}y - \int_{-\frac{L_y-a}{2}}^{\frac{L_y-a}{2}}\left(\frac{L_y-a}{2}\right)f(y)\mathrm{d}y + 2\int_{-\frac{L_y+a}{2}}^{\frac{L_y-a}{2}} yf(y)\mathrm{d}y\right]$$

当散布中心为坐标原点时,即不存在系统误差时,上式可以简化为

$$P_{单箭杀伤} = \frac{1}{L_x L_y}\left[(L_x+a)\Phi\left(\frac{L_x+a}{\sigma_x}\right) - (L_x-a)\Phi\left(\frac{L_x-a}{\sigma_x}\right) + \frac{\sigma_x}{\sqrt{2\pi}}\left(\mathrm{e}^{-\frac{(L_x+a)^2}{2\sigma_x^2}} - \mathrm{e}^{-\frac{(L_x-a)^2}{2\sigma_x^2}}\right)\right]\cdot\left[(L_y+a)\Phi\left(\frac{L_y+a}{\sigma_y}\right) - (L_y-a)\Phi\left(\frac{L_y-a}{\sigma_y}\right) + \frac{\sigma_y}{\sqrt{2\pi}}\left(\mathrm{e}^{-\frac{(L_y+a)^2}{2\sigma_y^2}} - \mathrm{e}^{-\frac{(L_y-a)^2}{2\sigma_y^2}}\right)\right]$$

其中: $\Phi(x) = \dfrac{2}{\sqrt{2\pi}}\displaystyle\int_0^x \mathrm{e}^{-\frac{t^2}{2}}\mathrm{d}t$。

采用中间误差表示火箭弹爆炸点坐标的数字特征时,上面公式可以简化为

$$P_{单箭杀伤} = \frac{E_x E_y}{4L_x L_y}\left[\hat{\Psi}\left(\frac{\frac{L_x+a}{2}+\bar{x}}{E_x}\right) + \hat{\Psi}\left(\frac{\frac{L_x+a}{2}-\bar{x}}{E_x}\right) - \hat{\Psi}\left(\frac{\frac{L_x-a}{2}+\bar{x}}{E_x}\right) - \hat{\Psi}\left(\frac{\frac{L_x-a}{2}-\bar{x}}{E_x}\right)\right]\cdot\left[\hat{\Psi}\left(\frac{\frac{L_y+a}{2}+\bar{y}}{E_y}\right) + \hat{\Psi}\left(\frac{\frac{L_y+a}{2}-\bar{y}}{E_y}\right) - \hat{\Psi}\left(\frac{\frac{L_y-a}{2}+\bar{y}}{E_y}\right) - \hat{\Psi}\left(\frac{\frac{L_y-a}{2}-\bar{y}}{E_y}\right)\right]$$

其中

$$\hat{\Psi}(x) = \int_0^x \hat{\Phi}(x)\mathrm{d}x = x\hat{\Phi}(x) - \frac{1}{\rho\sqrt{\pi}}(1 - \mathrm{e}^{-\rho^2 x^2})$$

$$\hat{\Phi}(x) = \frac{2\rho}{\sqrt{\pi}}\int_0^x \mathrm{e}^{-\rho^2 t^2}\mathrm{d}t$$

散布中心为坐标原点时,即不存在系统误差时,单发火箭弹对面状目标的平均杀伤概率可以表示为

$$P_{\text{单箭杀伤}} = \frac{E_x E_y}{L_x L_y} \left[\hat{\Psi}\left(\frac{\frac{L_X + a}{2}}{E_x}\right) - \hat{\Psi}\left(\frac{\frac{L_X - a}{2}}{E_x}\right) \right] \cdot \left[\hat{\Psi}\left(\frac{\frac{L_y + a}{2}}{E_y}\right) - \hat{\Psi}\left(\frac{\frac{L_y - a}{2}}{E_y}\right) \right]$$

$\hat{\Psi}(x)$ 的值可以通过查表得到。

如果假设面状目标和单发火箭弹的杀伤面积形状为圆形,单发火箭弹杀伤目标的概率为

$$P_{\text{单箭杀伤}} = \left(\frac{R_{\text{目}}}{R_{\text{单箭}}}\right)^2 \left[1 - e^{-\frac{(R_{\text{目}} - R_{\text{单箭}})^2}{2\sigma^2}}\right]$$

其中:$R_{\text{目}}$ —— 面状目标的半径;

$R_{\text{单箭}}$ —— 单箭杀伤面积的半径;

σ —— 单发火箭弹爆炸点的偏差。

当先后使用 n 发火箭弹对面状目标进行独立杀伤时,每发火箭弹杀伤是独立的,瞄准点都是目标中心,并且每发火箭弹毁伤的面积一样,则在成功发射 n 发火箭弹条件下,对面状目标杀伤的概率(杀伤面积占总面积百分比的数学期望)为

$$P_{\text{箭杀伤}} = 1 - \prod_{i=1}^{n}(1 - P_{\text{单箭杀伤}i})$$

同对单个目标杀伤一样,当使用 n 发火箭弹齐射对易损性面状目标进行杀伤时,每次齐射存在着随机集体误差,而在每次齐射中相同随机集体误差条件下,各个单发火箭弹间的杀伤是相互独立的,则每枚火箭弹爆炸点的条件概率分布密度函数可以表示为

$$f_i(x_i, y_i / x_g, y_g) = \frac{1}{2\pi \sigma_{x_i} \sigma_{y_i}} e^{-\frac{1}{2}\left(\frac{(x_i - \overline{x_i} - x_g)^2}{\sigma_{x_i}^2} + \frac{(y_i - \overline{y_i} - y_g)^2}{\sigma_{y_i}^2}\right)}$$

其中,x_g、y_g 为集体随机误差。一般认为它们服从均值为0、均方差为 σ_{xg} 和 σ_{yg} 的联合正态分布

$$f_g(x_g, y_g) = \frac{1}{2\pi \sigma_{x_g} \sigma_{y_g}} e^{-\frac{1}{2}\left(\frac{x_g^2}{\sigma_{x_g}^2} + \frac{y_g^2}{\sigma_{y_g}^2}\right)}$$

则此时第 i 发火箭弹对易损面状目标的平均杀伤概率为

$$P(x_g, y_g)_{\text{单箭杀伤}i} = \frac{1}{S_{\text{目}}} \int_{-\infty}^{+\infty} \int_{-\infty}^{+\infty} f_i(x_i, y_i / x_g, y_g) X(x_i) Y(y_i) dx_i dy_i$$

式中:$X(x_i), Y(y_i)$ —— 由爆炸点坐标决定的被第 i 发火箭弹击中面积的边长;

$S_{\text{目}}$ —— 面状目标的总面积;

$f_i(x_i, y_i / x_g, y_g)$ —— 第 i 枚火箭弹爆炸点坐标的条件概率分布密度函数。

固定的集体误差 x_g、y_g 一定情况下,火箭弹齐射杀伤易损面状目标的概率为

$$P(x_g, y_g)_{\text{箭杀伤}} = 1 - \prod_{i=1}^{n}[1 - P(x_g, y_g)_{\text{单箭杀伤}i}]$$

n 发火箭弹齐射成功的条件下杀伤面状目标的概率为

$$P_{\text{箭杀伤}} = \int_{-\infty}^{\infty} \int_{-\infty}^{\infty} P(x_g, y_g)_{\text{箭杀伤}} f_g(x_g, y_g) dx_g dy_g$$

(四) 机载火箭弹对集群目标的杀伤

机载火箭弹对密集型非装甲集群目标进行杀伤时,其杀伤率可使用对面状目标杀伤概率的计算方法计算。而当机载火箭弹对疏散型集群目标进行杀伤时,可以采取两种不同的射击方法。一种是预先确定对目标群的火力分配,不进行火力转移,对每个目标的射击结果与对其他目标的射击结果无关。另一种是预先确定对目标群的射击次数 k,然后对单个目标逐个地进行射击,并且每次射击后观察射击结果,如果目标被杀伤,则将火力转移到下一个目标。假设集群目标中目标类型相同,武装直升机机载火箭弹对这种集群目标的杀伤概率可以用其杀伤目标数的数学期望与目标群中目标总数的比值表示。

当不进行火力转移时,假设目标群中目标总数为 n,火箭弹对第 i 个目标的杀伤概率为 P_i,用随机变量 X_i 表示第 i 个目标的状态,$X_i=0$ 表示第 i 个目标未被杀伤,$X_i=1$ 表示第 i 个目标被杀伤。火箭弹杀伤目标数 $X = X_1 + X_2 + \cdots + X_n$,$E[X_i] = 0 \times (1 - P_i) + P_i = P_i$,则火箭弹杀伤目标数的数学期望为

$$N = E[X] = E[\sum_{i=1}^{n} X_i] = \sum_{i=1}^{n} E[X_i] = nP_i$$

当进行火力转移时,假设 k 次射击中每次射击对目标的杀伤概率为 P,集群目标中被杀伤的目标数 X 的分布为

$$X: \quad 0 \quad 1 \quad 2 \quad \cdots \quad n_{\max}$$
$$P: \quad P_0 \quad P_1 \quad P_2 \quad \cdots \quad P_{n_{\max}}$$

$$\sum_{m=0}^{n_{\max}} P_m = 1$$

$n < k$ 时,被杀伤的目标最大数目 $n_{\max} = n$。此时 k 次射击中 m ($m = 0,1,2,\cdots,n-1$) 个目标被杀伤的概率为

$$P_m = C_k^m P^m (1-P)^{k-m} \quad (m = 0,1,2\cdots,n-1)$$
$$P_n = 1 - (P_0 + P_1 + P_2 + \cdots + P_{n-1})$$

杀伤目标数的数学期望为

$$N = \sum_{m=0}^{n} mP_m$$

特别地,当 $k = n$ 时,

$$N = \sum_{m=0}^{n} mP_m = \sum_{m=0}^{n} mC_n^m P^m (1-P)^{n-m} = np$$

当 $k < n$ 时,对于 $m \leqslant k$ 的杀伤概率为

$$P_m = C_k^m P^m (1-P)^{k-m} \quad (m = 0,1,2,\cdots,k)$$

当 $m > k$ 时,$P_m = 0$,则杀伤目标数的数学期望为

$$N = \sum_{m=0}^{n} mP_m = \sum_{m=0}^{n} mC_k^m P^m (1-P)^{k-m} = kp$$

武装直升机机载火箭弹 k 次发射成功条件下对集群目标的杀伤概率为

$$P_{箭杀伤} = \frac{N}{n}$$

二、机载空地导弹的毁伤效能

机载空地导弹主要用于杀伤地面装甲目标和一些单个目标,因此在这里我们只考虑射击结果两种可能的情况,也就是说,射击结果为击毁目标,或者为未击毁目标。机载空地导弹杀伤地面目标的可能性涉及诸多因素和很多不确定性问题,如地面目标和载机的机动、电子干扰、自然环境等。除了制导精度、引信和战斗部外,还和与完成杀伤任务相关的其他因素有关。这些因素可能影响机载反坦克导弹命中的精度(即命中概率),也可能影响命中目标后摧毁目标的概率(即命中条件下的摧毁概率)。其中,机载空地导弹对地面装甲目标(单个目标)的命中概率主要取决于机载空地导弹的制导误差。

(一) 制导误差

制导误差是指将导弹导向目标时的误差,它使得在使用机载空地导弹对地面目标进行射击时不可避免的出现弹道散布。制导误差与目标、导弹、制导系统、射击条件、环境等方面的许多因素有关,是一个随机变量,只有通过数字特征将其表示出来才能用于命中概率的计算。因此,在讨论命中概率之前必须先对机载空地导弹制导误差的特性进行分析。

制导误差按其性质可分为系统误差和随机误差两类。系统误差是指机载空地导弹实际弹道的平均弹道相对运动学弹道的偏差。在射击过程中,系统误差保持不变或按照一定的规律变化。当制导系统只存在系统误差时,在射击条件不变的情况下,每发导弹都应当沿着实际弹道的平均弹道运动。实际弹道的平均弹道与靶平面的交点,称为散布中心。实际弹道与靶平面的交点围绕散布中心散布。理论上讲,如果可以确定系统误差的来源和变化规律,就可以通过输入相应的校正量将其消除。然而大多数情况下系统误差还取决于要杀伤目标的运动参数,而这些运动参数在射击过程中一般会在很大的范围内变化,所以很难完全将其消除。随机误差是实际弹道相对其平均弹道的偏差。在靶平面上,随机误差围绕着散布中心以不同的方向和大小形成散布。在同一条件下进行重复射击时系统误差保持不变,但各次射击的随机误差会不断变化。每次射击前随机误差是不能确定的,其可以在一定的范围内减小,但不可能完全消除。

制导误差按其产生的原因可分为动态误差、起伏误差和仪器误差三类。动态误差是动力学弹道相对运动学弹道的偏差。在输入按目标和导弹的运动规律所确定的有用信号时,导弹和制导系统各环节的惯性作用引起了滞后现象,动态误差既有系统分量,也有随机分量。起伏误差是由作用在制导回路各环节上的随机干扰造成的。起伏误差完全是随机误差,没有系统分量。仪器误差又称为工具误差,是仪器弹道相对于运动学弹道的偏差。仪器误差包括目标和导弹坐标测量设备的仪器误差、控制指令形成和传输设备的仪器误差以及制导回路其他设备的仪器误差等,也可分为系统分量和随机分量。

机载空地导弹射击时,整体制导误差中的系统误差,取决了导弹实际弹道相对于运动学弹道(它穿过目标)的偏差。也就是说,动态误差、起伏误差和仪器误差的共同影响导弹的实际弹道散布。制导误差是连续型随机变量,在$(-\infty,+\infty)$范围内变化,受大量随机因素的影响,并且在这些随机因素中,又找不到一个对制导误差起决定性作用的因素。按照概率论中的大数极限定律,若影响随机变量的因素很多,并且每个因素都不起决定性作用时,那么这个随机变量服从正态分布。因此,导弹的制导误差服从正态分布规律,并且其在靶平面上的分布近似于椭圆,这一点不仅在理论上得到了证明,而且已为大量实验所证实,如图6-6所示。

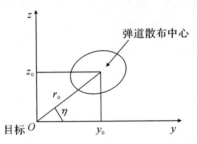

图 6-6　机载空地导弹在靶平面上的弹道散布示意图

一般情况下,在图6-6所示坐标系中制导误差分布的概率密度函数 $f(Y,Z)$ 可表示为

$$f(Y,Z) = \frac{1}{2\pi\sigma_Y\sigma_Z\sqrt{1-\rho_{YZ}^2}} e^{-\frac{1}{2(1-\rho_{YZ}^2)}\left[\frac{(Y-Y_0)^2}{\sigma_Y^2} - \frac{2\rho_{YZ}(Y-Y_0)(Z-Z_0)}{\sigma_Y\sigma_Z} + \frac{(Z-Z_0)^2}{\sigma_Z^2}\right]}$$

式中:Y_0,Z_0——二位随机变量 Y,Z 的数学期望;

　　σ_Y,σ_Z——Y,Z 的均方差;

　　ρ_{YZ}——二位随机变量 Y,Z 的相关系数。

$$\rho_{YZ} = \frac{\int_{-\infty}^{+\infty}\int_{-\infty}^{+\infty}(Y-Y_0)(Z-Z_0)f(Y,Z)\mathrm{d}Y\mathrm{d}Z}{\sigma_Y\sigma_Z}$$

上式是制导误差服从正态分布的一般表达式,在取制导系统的坐标轴与散布椭圆主轴完全一致,并认为制导系统在垂直制导平面和倾斜制导平面的波道之间相互独立情况下,则两个制导平面内的制导误差也相互独立。这时相关系数为

$$\begin{cases}\rho_{YZ} = 0 \\ f(Y,Z) = \dfrac{1}{2\pi\sigma_Y\sigma_Z}\mathrm{e}^{-\frac{1}{2}\left[\frac{(Y-Y_0)^2}{\sigma_Y^2} + \frac{(Z-Z_0)^2}{\sigma_Z^2}\right]}\end{cases}$$

实际中弹道散布的椭圆长短轴很接近,此时可以近似认为 $\sigma_Y = \sigma_Z = \sigma$,也就是射弹散布的形状近似于圆,此时

$$f(Y,Z) = \frac{1}{2\pi\sigma^2}\mathrm{e}^{-\frac{1}{2}\left[\frac{(Y-Y_0)^2+(Z-Z_0)^2}{\sigma^2}\right]}$$

当导弹的实际弹道散布为圆散布时,也可将制导误差分布的概率密度函数 $f(Y,Z)$ 表示为极坐标形式:

$$f(r,\eta) = \frac{r}{2\pi\sigma^2} e^{-\frac{1}{2\sigma^2}[r^2+r_0^2-2rr_0\cos(\eta-\eta_0)]}$$

制导误差是由动态误差、起伏误差和仪器误差组成的。当采用极坐标表示时,总的制导误差矢量 r 可表示为

$$r = r_g + r_c + r_s$$

式中:r_g —— 动态误差矢量;

r_c —— 起伏误差矢量;

r_s —— 仪器误差矢量。

实际上可以认为动态误差、起伏误差和仪器误差相互独立,则总的制导误差的数学期望为

$$r_0 = r_{0g} + r_{0c} + r_{0s}$$

式中:r_0 —— 制导误差矢量的数学期望;

r_{0g} —— 动态误差矢量的数学期望;

r_{0c} —— 起伏误差矢量的数学期望;

r_{0s} —— 仪器误差矢量的数学期望。

制导误差矢量、动态误差矢量、起伏误差矢量和仪器误差矢量在 Y 轴和 Z 轴的投影的数学期望具有以下关系:

$$Y_0 = Y_g + Y_c + Y_s, \quad Z_0 = Z_g + Z_c + Z_s$$

式中:Y_0, Z_0 —— 制导误差矢量在 Y 轴和 Z 轴上投影的数学期望;

Y_{0g}, Z_{0g} —— 动态误差矢量在 Y 轴和 Z 轴上投影的数学期望;

Y_{0c}, Z_{0c} —— 起伏误差矢量在 Y 轴和 Z 轴上投影的数学期望;

Y_{0s}, Z_{0s} —— 仪器误差矢量在 Y 轴和 Z 轴上投影的数学期望。

制导误差的数学期望就是系统误差,决定着导弹实际弹道的散布中心。

总制导误差的方差为

$$\sigma_r^2 = \sigma_g^2 + \sigma_c^2 + \sigma_s^2$$

式中:σ_r^2 —— 制导误差矢量的方差;

σ_g^2 —— 动态误差矢量的方差;

σ_c^2 —— 起伏误差矢量的方差;

σ_s^2 —— 仪器误差矢量的方差。

制导误差矢量、动态误差矢量、起伏误差矢量和仪器误差矢量在 Y 轴和 Z 轴的投影的方差具有以下关系

$$\sigma_Y^2 = \sigma_{gY}^2 + \sigma_{cY}^2 + \sigma_{sY}^2, \quad \sigma_Z^2 = \sigma_{gZ}^2 + \sigma_{cZ}^2 + \sigma_{sZ}^2$$

式中:σ_Y^2, σ_Z^2 —— 制导误差矢量在 Y 轴和 Z 轴上投影的方差;

$\sigma_{gY}^2, \sigma_{gZ}^2$ —— 动态误差矢量在 Y 轴和 Z 轴上投影的方差;

$\sigma_{cY}^2, \sigma_{cZ}^2$ —— 起伏误差矢量在 Y 轴和 Z 轴上投影的方差;

$\sigma_{sY}^2, \sigma_{sZ}^2$ —— 仪器误差矢量在 Y 轴和 Z 轴上投影的方差。

制导误差矢量在 Y 轴和 Z 轴的投影的标准差为

$$\sigma_Y = \sqrt{\sigma_{gY}^2 + \sigma_{cY}^2 + \sigma_{sY}^2}, \quad \sigma_Z = \sqrt{\sigma_{gZ}^2 + \sigma_{cZ}^2 + \sigma_{sZ}^2}$$

制导误差的标准差表示随机误差,决定着导弹实际弹道相对散布中心的离散程度。

在动态误差、起伏误差和仪器误差数字特征已知的情况下,可以通过上述公式确定制导误差。另外,制导误差通常也可以通过理论分析法或实验法直接确定。

(二) 机载空地导弹对地面装甲目标或单个目标的命中概率

获得制导误差的分布规律和数字特征后,就可以计算单发导弹命中给定区域的概率。

当给定区域为圆形时,为了研究方便起见,假设制导系统的坐标轴与散布椭圆主轴近似一致,并认为制导系统在垂直制导平面和倾斜制导平面的波道之间相互独立,弹道散布为接近实际情况的圆散布,瞄准点为给定区域中心,但散布中心与区域中心不重合,表明此时 $\sigma_Y = \sigma_Z = \sigma$ 并且存在系统误差(即 $Y_0 \neq 0, Z_0 \neq 0$),用极坐标表示制导误差分布的概率密度函数为

$$f(r,\eta) = \frac{r}{2\pi\sigma^2} e^{-\frac{1}{2\sigma^2}[r^2 + r_0^2 - 2rr_0\cos(\eta - \eta_0)]}$$

制导误差沿半径 r 的概率密度函数为

$$f(r) = \int_0^{2\pi} f(r,\eta)\mathrm{d}\eta = \int_0^{2\pi} \frac{r}{2\pi\sigma^2} e^{-\frac{1}{2\sigma^2}[r^2+r_0^2-2rr_0\cos(\eta-\eta_0)]}\mathrm{d}\eta = \frac{r}{\sigma^2}e^{-\frac{r^2+r_0^2}{2\sigma^2}}\int_0^{2\pi}\frac{1}{2\pi}e^{\frac{rr_0}{\sigma^2}\cos(\eta-\eta_0)}\mathrm{d}\eta$$

式中: $\dfrac{r}{\sigma^2}e^{-\frac{r^2+r_0^2}{2\sigma^2}}$ —— 瑞利分布函数;

$\displaystyle\int_0^{2\pi}\frac{1}{2\pi}e^{\frac{rr_0}{\sigma^2}\cos(\eta-\eta_0)}\mathrm{d}\eta$ —— 虚变量零阶贝塞尔函数用 $I_0(rr_0/\sigma^2)$ 表示,其数值可从专门的表中查取;

$f(r)$ —— 广义瑞利分布函数。

当弹道散布中心与目标质心重合,即不存在系统误差时,$r_0 = 0, I_0(0) = 1$,此时广义瑞利分布函数等于瑞利分布函数。则单发导弹命中圆形区域的概率为

$$P_{命中y} = \int_0^R \frac{r}{\sigma^2} e^{-\frac{r^2+r_0^2}{2\sigma^2}} I_0(rr_0/\sigma^2)\mathrm{d}r$$

这个积分需要通过数值积分的方法求解。系统误差不存在时,$r_0 = 0, I_0(0) = 1$,上式简化为

$$P_{命中y} = \int_0^R \frac{r}{\sigma^2} e^{-\frac{r^2}{2\sigma^2}}\mathrm{d}r = 1 - e^{-\frac{R^2}{2\sigma^2}}$$

当给定区域为矩形时,假设制导系统的坐标轴与散布椭圆主轴完全一致,并认为制导系统在垂直制导平面和倾斜制导平面的波道之间相互独立,弹道散布为椭圆散布,瞄准点为坐标系原点,如图 6-7 所示。此时制导误差分布的概率密度函数为

$$f(Y,Z) = \frac{1}{2\pi\sigma_Y\sigma_Z}e^{-\frac{1}{2}\left[\frac{(Y-Y_0)^2}{\sigma_Y^2}+\frac{(Z-Z_0)^2}{\sigma_Z^2}\right]}$$

同火箭弹命中单个目标相类似,单发导弹命中矩形区域的概率为

$$P_{命中J} = \frac{1}{2\pi}\int_{Z_1}^{Z_2}\int_{Y_1}^{Y_2} e^{-\frac{1}{2}\left[\frac{(Y-Y_0)^2}{\sigma_Y^2}+\frac{(Z-Z_0)^2}{\sigma_Z^2}\right]}\mathrm{d}Y\mathrm{d}Z$$

$$= \frac{1}{4}\left[\Phi\left(\frac{Y_2-Y_0}{\sigma_Y}\right) - \Phi\left(\frac{Y_1-Y_0}{\sigma_Y}\right)\right] \cdot \left[\Phi\left(\frac{Z_2-Z_0}{\sigma_Z}\right) - \Phi\left(\frac{Z_1-Z_0}{\sigma_Z}\right)\right]$$

式中：Y_0, Z_0—— 制导误差的数学期望。

$$\Phi(x) = \frac{2}{\sqrt{2\pi}} \int_0^x e^{-\frac{t^2}{2}} dt。$$

其实机载空地导弹命中地面装甲目标或单个目标在靶平面上的投影，就意味着空地导弹命中了该目标。这个命中概率可以通过在目标投影区域上对导弹制导误差的概率密度函数进行积分来获得。目标在导弹靶平面上的投影有可能是较为复杂的图形。从理论上讲，导弹命中任何复杂形状区域 D 的概率可以表示为

$$P_{(Y,Z \in D)} = \iint_D f(Y,Z) dY dZ = \iint_D \frac{1}{2\pi \sigma_Y \sigma_Z} e^{-\frac{1}{2}\left[\frac{(Y-Y_0)^2}{\sigma_Y^2} + \frac{(Z-Z_0)^2}{\sigma_Z^2}\right]} dY dZ$$

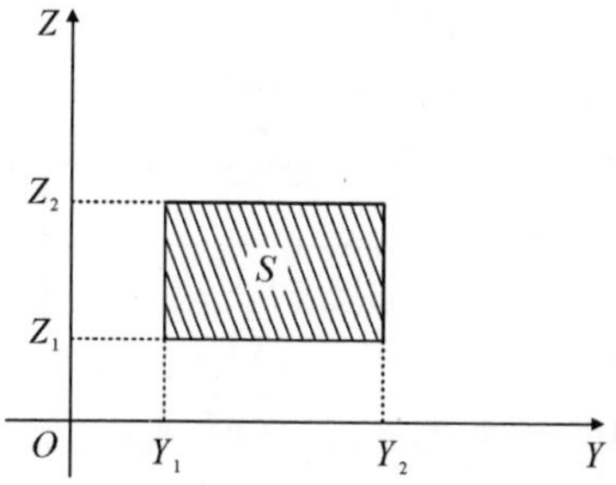

图 6-7　给定的靶平面上矩形区域示意图

对于这种较为复杂不规则形状的积分区域，只能采用数值积分法近似求解。实际上，为了简化计算，可以将不规则区域简化成规则的形状或规则形状的组合，这些规则形状可以是圆形、长方形等。然后通过在这些区域上对制导误差的概率密度函数进行积分来获得对目标的近似命中概率。

（三）对地面装甲目标或单个目标的杀伤概率

成功发射 n 发机载空地导弹条件下对地面装甲目标或单个目标杀伤概率的期望可以表示为

$$P_{导杀伤} = \sum_{i=1}^{n} C_n^i P_{命中}^i (1 - P_{命中})^{n-i} P_{导摧毁}(i)$$

$P_{命中}$ 为单发命中概率，$P_{导摧毁}(i)$ 称为命中杀伤律主要取决于目标易损性和空地导弹战斗部威力。根据战斗部对目标的杀伤机理，武器对目标的杀伤规律可分为两大类：当战斗部必须直接命中目标才能予以杀伤时，杀伤概率是命中目标的战斗部数量的函数，这时杀伤规律称为命中杀伤律；当战斗部达到目标附近（目标可杀伤区）也能杀伤目标时，杀伤概率是战斗部爆炸点坐标的函数，这时的杀伤律称为坐标杀伤律。机载空地导弹对目标的杀伤属于命中杀伤律，即导弹战斗部必须直接命中目标才能杀伤目标。

所谓机载空地导弹的命中杀伤律就是指在命中 n 发情况下导弹摧毁目标的条件概率 $P(n)$。通过分析不难发现，机载反坦克导弹的命中杀伤律 $P(n)$ 应该具有以下几条性质：首先，$P(n)$ 应当是关于 n 的非减函数，随着命中数 n 的增加，$P(n)$ 不会减小；其次，$P(0)$ 为 0，也就是只有导弹命中目标的情况下才能摧毁目标；最后，$\lim_{n\to\infty} P(n) = 1$，即命中导弹的目标数 n 充分大时目标必然被摧毁，n 的取值应为 0 和全部的自然数。

为了确定 $P(n)$，在这里定义一个变量 k，用它来表示摧毁目标所必须命中的导弹数，不难

想象对目标不同部分 i 射击,摧毁目标 k_i 必须是不同的,当对目标的要害部位射击时,较小的命中数就可以摧毁目标,对非要害部位射击时,则需要较多的命中数。k_i 可以通过进行摧毁试验获得。根据目标的各个部分要害程度的不同,可以将目标按要害程度分为几个部分,依次向这几个部分发射导弹,每命中一发观察一次目标摧毁情况,当目标被摧毁时则停止试验。$P(n)$ 与 k_i 密切相关,可以通过 k_i 的值求得 $P(n)$。假设将目标分为三部分,每部分 i 在目标中所占比例为 $r_i(i=1,2,3)$,每部分相应的必须命中导弹数为 $k_i(i=1,2,3)$。它们的数值及关系见表 6-2。

表 6-2　r_i 与 k_i 关系表

部分序号	r_i	k_i
1	0.6	1
2	0.3	2
3	0.1	4

$P(1)$ 为命中 1 发摧毁目标的概率,通过分析不难看出 $P(1)$ 也就是命中部分 1 的概率,由于部分 1 占目标的比例为 0.6,则 $P(1)=0.6$。$P(2)$ 为命中 2 发摧毁目标的概率,也就是至少 1 发命中部分 1 和两发都命中部分 2 的概率。用事件 A_{ij} 表示第 i 发命中目标的第 j 部分,则根据概率论相关知识可知

$$P(2) = P[(A_{11} \cup A_{21}) \cup (A_{12}A_{22})] = [1 - P(\bar{A}_{11} \cup \bar{A}_{21})] + P(A_{12}A_{22})$$
$$= 1 - P(\bar{A}_{11})P(\bar{A}_{21}) + P(A_{12})P(A_{22}) = 1 - (1-0.6)^2 + 0.3^2 = 0.93$$

同样,根据概率论的相关知识可知

$$P(3) = 1 - P[(A_{13}A_{23}A_{33}) \cup (A_{12}A_{23}A_{33}) \cup (A_{13}A_{23}A_{32}) \cup (A_{13}A_{22}A_{33})]$$
$$= 1 - [P(A_{13}A_{23}A_{33}) + P(A_{12}A_{23}A_{33}) + P(A_{13}A_{23}A_{32}) + P(A_{13}A_{22}A_{33})]$$
$$= 1 - [0.1^2 + 3 \times 0.3 \times 0.1^2] = 0.981$$

$P(4)$、$P(5)$ 都可以通过相同方法获得,但是通过计算可以看到 $P(4)$、$P(5)$ 已经很接近 1 了,所以可以近似认为当命中目标的导弹数超过 4 发时,目标必然被摧毁。

(四) 武装直升机攻击装甲目标模型[①]

武装直升机攻击装甲目标数量可由以下公式计算:

$$M_{om} = \sum_{i=1}^{k} M_{omi} = M_i \times [1 - (1 - P_{oi})^{N_i m_i} \times M_i]$$

式中:k ——武装直升机攻击波次数;
　　M_{om} ——一次战役中击毁装甲目标数量;
　　M_{omi} ——一次战斗中击毁装甲目标数量;
　　M_i ——一次战斗中敌装甲目标数量;
　　N_i ——一次战斗中武装直升机反装甲武器数量;
　　m_i ——一次战斗中一架武装直升机的平均发射次数;
　　P_{oi} ——一次战斗中武装直升机对敌装甲目标的击毁概率。

---

① 文裕武,温清澄.现代直升机应用及发展.北京:航空工业出版社,2000.

而
$$P_{oi} = P_{ti} \times P_{di} \times P_{mi} \times P_{ji} \times P_{li}$$

式中：P_{ti} —— 武装直升机攻击装甲目标时的通视概率；

P_{di} —— 武装直升机攻击装甲目标时的发现概率；

P_{mi} —— 武装直升机攻击装甲目标时的命中概率；

P_{ji} —— 武装直升机攻击装甲目标时的击毁概率；

P_{li} —— 武装直升机的生存概率。

以上相关值分别由以下过程求取。

1.武装直升机攻击装甲目标时的通视概率 P_{ti}

武装直升机一般要求在武器最大射程的 70% ~ 80% 距离上开火，使用空地导弹时，一般在其最大射程 75% 的距离上发射。若通视距离服从威布尔分布，则通视距离大于 r 的概率为

$$P_{ti}(r) = e^{-(\frac{r}{R_0})^{b_0}}$$

式中：r —— 空地导弹最大射程的 75%；

R_0 —— 特征通视距离，其中平原地区取 5 000，丘陵地区取 4 500，山地取 4 000。

b_0 —— 形状参数，依赖于地形的类别、搜索位置的高程等因素，可通过地形统计得到，其中平原地区取 2，丘陵地区取 3，山地取 4。

2.武装直升机攻击敌装甲目标时的发现概率 P_{di}

在攻击敌装甲目标时，假设目视通过光学器材观察搜索目标，此时发现概率取决于是否有侦察直升机引导以及目标的大小、亮度、距离和现场气象条件，可用下式计算：

$$P_{di} = \frac{1}{2} + \frac{1}{2} \varphi \left[\frac{K_b^r}{(10^{al}-1)^{r_h - r_b}} - \varepsilon_0 \right]$$

式中：$\varphi(x) = \frac{1}{\sqrt{2\pi}} \int_0^x e^{-\frac{t^2}{2}} dt$；

a —— 大气消光指数，与大气的透明度有关，一般大气透明度越好，a 值越小，战场上硝烟越大，a 一般取 0.2 ~ 0.3；

ε_0 —— 亮度对比阈值，即人眼能发现目标的最小亮度比的数学期望，当视角大于 30°时，ε_0 取 0.05；当视角小于 30°时，$\varepsilon_0 = 0.182\theta^{0.823}$，$\theta$ 为对面目标视角；

K_b^r —— 目标与背景的亮度比，不同级别的伪装 K 值不同，对应一、二、三的伪装，K 值分别取 0.1、0.2 和 0.3；

l —— 观察者与目标的距离，通常取反坦克导弹最大射程的 75%；

σ —— 装甲目标正视面积；

r_b —— 目标背景亮度系数，一般草地背景取 0.11，土地背景取 0.06；

r_h —— 气象系数，取值在 0.5 ~ 1.0 之间，一般情况下可取 0.6。

3.武装直升机使用反坦克导弹时的命中概率 P_{mi}

反坦克导弹的命中概率主要与导弹的性能和射击距离有关，通常用下式计算：

$$P_{mi} = K \times P_0 \frac{r}{r_0} e^{1-\frac{r}{r_0}} \qquad r \geq r_{min}$$

式中：r —— 射击距离；

r_0 —— 特征射击距离,与反坦克导弹性能有关;

$r_{\min}$ —— 反坦克导弹的最小射程;

P_0 —— 特征命中概率,与武装直升机性能、射击手技术水平以及地形有关,通常取 0.9;

K —— 反坦克导弹的可靠度。

4. 空地导弹命中目标后的击毁概率 P_{ji}

坦克导弹命中目标后的击毁概率 P_{ji} 与导弹的战斗部性能和装甲目标的防护性能密切相关,通常可取 $0.84 \sim 0.94$。

5. 武装直升机的生存概率 P_{li}

武装直升机的生存概率为

$$P_{li} = 1 - P_{oi}$$

三、航炮的杀伤概率

机载航炮对地面目标攻击时,同使用火箭弹对地面目标攻击时相类似,受气象条件、目标参数测量的误差、瞄准系统误差、武装直升机机体稳定性等多种随机因素的影响,机载航炮发射的炮弹爆炸点在于发射方向垂直的平面上形成一定散布,炮弹爆炸点的散布率可用其坐标的密度函数表示,当航炮瞄准点为坐标原点,x、y 坐标轴与炮弹的主散布轴平行时,炮弹爆炸点坐标的密度函数可以表示为

$$f(x,y) = \frac{1}{2\pi\sigma_x\sigma_y} e^{-\frac{1}{2}(\frac{(x-\bar{x})^2}{\sigma_x^2} + \frac{(y-\bar{y})^2}{\sigma_y^2})}$$

式中:$\bar{x}$、$\bar{y}$ —— 炮弹散布中心坐标,称为射击误差;

σ_x、σ_y —— 炮弹爆炸点坐标 x、y 的均方差,和机载火箭弹相同,这些参数与武装直升机机载航炮的射击方向、射速、机体稳定性、航炮瞄准系统、控制系统等因素相关,一般可以通过大量的射击试验或统计数值模拟来确定。

假设地面目标在航炮射弹散布平面上的投影如图 6-8 所示。

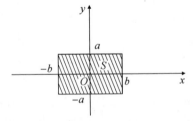

图 6-8 地面目标在航炮射弹散布平面上的投影示意图

阴影部分为边长分别为 $2a$、$2b$ 的矩形,在使用机载航炮对地面目标攻击时先通过火控和稳定系统将目标锁住,使得瞄准点和射弹散布中心都为目标矩形中心(坐标系原点),则此时单发炮弹对地面目标的命中概率为

$$P_{单发命中} = \int_{-a}^{a}\int_{-b}^{b} \frac{1}{2\pi\sigma_x\sigma_y} e^{-\frac{1}{2}(\frac{x^2}{\sigma_x^2} + \frac{y^2}{\sigma_y^2})} dxdy = \Phi\left(\frac{a}{\sigma_x}\right)\Phi\left(\frac{b}{\sigma_y}\right)$$

其中:$\Phi(x) = \frac{2}{\sqrt{2\pi}} \int_{0}^{x} e^{-\frac{t^2}{2}} dt$。

用中间误差 E_x、E_y 代替 σ_x、σ_y 作为炮弹爆炸点坐标 x、y 的数字特征时，单发炮弹对地面目标的命中概率为

$$P_{\text{单发命中}} = \int_{y_1}^{y_2}\int_{x_1}^{x_2} \frac{\rho^2}{2\pi E_x E_y} e^{-\rho(\frac{x^2}{E_x^2}+\frac{y^2}{E_y^2})} \mathrm{d}x\mathrm{d}y = \Phi\left(\frac{a}{E_x}\right)\Phi\left(\frac{b}{E_y}\right)$$

其中：$\Phi(x) = \dfrac{2\rho}{\sqrt{\pi}} \int_0^x e^{-\rho^2 t^2} \mathrm{d}t$。

同火箭弹相类似，单发炮弹对单个目标的杀伤概率为

$$P_{\text{单发杀伤}} = P_{\text{单发命中}} P_{\text{单发摧毁}}$$

式中：$P_{\text{单发摧毁}}$——单发炮弹的条件摧毁概率（即命中条件下的摧毁概率），可以近似表示为

$$P_{\text{单发摧毁}} = \frac{\sum_{i=1}^{n} S_{\text{目}i}}{S_{\text{目}}}$$

式中：$S_{\text{目}i}$——目标在炮弹散布面上投影的第 i 个易损部分的面积；

$S_{\text{目}}$——目标在炮弹散布面上投影的总面积。

使用 n 发炮弹对单个目标进行杀伤时，假设每发炮弹杀伤是独立的，并且瞄准点都是目标中心，则在成功发射 n 发炮弹的条件下，对单个目标杀伤的概率为

$$P_{\text{航炮杀伤}} = 1 - (1 - P_{\text{单发杀伤}})^n$$

根据国外有关资料，以 23 mm 航炮为例，假设地面目标幅员为 2 m×2 m，航炮射速为 600 发/min，一次攻击连发数为 15 发，射弹散布误差均方差分别为 0.5 mrad、1 mrad 和 2 mrad 时，诸元误差的变化对命中概率的影响见表 6-3。

表 6-3 散布误差均方差为 0.5 mrad、1 mrad、2 mrad 时诸元误差变化的影响

均方差为 0.5 mrad		均方差为 1 mrad		均方差为 2 mrad	
诸元误差	命中概率	诸元误差	命中概率	诸元误差	命中概率
0.5	0.987	0.5	0.910	0.5	0.570
1.0	0.910	1.0	0.808	1.0	0.516
1.5	0.743	1.5	0.660	1.5	0.444
2.0	0.570	2.0	0.516	2.0	0.371
2.5	0.432	2.5	0.400	2.5	0.306
3.0	0.332	3.0	0.312	3.0	0.252
3.5	0.260	3.5	0.248	3.5	0.208
4.0	0.208	4.0	0.200	4.0	0.173
4.5	0.170	4.5	0.164	4.5	0.146
5.0	0.140	5.0	0.137	5.0	0.124

第七章　　直升机对空攻击效能评估

直升机空战是直升机以机载火力对敌直升机、低空飞机和其他空中目标实施的空中攻击行动。目的是消灭或驱逐敌空中力量，夺取低空超低空制空权，以掩护我方直升机编队空中机动和保证地面部队的空中安全。直升机机载空空导弹是直升机空战的重要武器，主要作战对象是直升机及其他空中目标，直升机除可用空空导弹等武器与这些目标作战外，自身也应尽可能弱化电子、红外、雷达等识别信号特征，减小被对方发现的可能性，还应具备优良的超低空飞行性能，以便能进行有效的被毁伤躲避，做到能攻能防。对空攻击效能评估涉及制导精度、引信启动、引战配合、战斗部毁伤效应和目标特性等一系列因素。

第一节　　空战过程及效能评估方法

一、空战过程

武装直升机空战过程可分以下几个阶段：一是目标获取。与任何空战一样，飞行员必须首先捕获敌机的位置。可用的目标获取手段包括机载光电器材，或是由友军的预警机、地面防空雷达协助发现。飞行员一旦获得目标位置，绝不能让目标离开视线，否则就会丧失一切优势。二是接近目标。其方式以取得战术优势为目的，己方的动作应尽可能不被对手发现，并尽量保持可瞄准对方的状态，直到进入占有战术优势的攻击位置。理想的攻击位置最好还能继续保持隐蔽，接近的动作应尽可能为沿着地貌飞行，除非遭受攻击，才能进行防卫性的大动作，但动作结束后应快速回到地貌飞行状态。三是开火。基本原则是愈快愈好，不但要快对手一步，同时也要在最短时间内投射最大的火力。但并非一看到目标就要草率开火，必须有一击命中的把握，否则将暴露自己的行踪，严重伤害已有的战术优势。四是脱离战场。基本原则是快速、隐蔽。

根据作战经验，武装直升机之间空战的主要特点是：由于来自地面的高射炮、地空导弹等的火力威胁，加之武装直升机主要遂行对地作战任务，武装直升机空战通常发生在最接近地面的武装直升机之间；格斗双方相互发现的距离变化范围很大，目视设备发现目标的有效范围是 $300 \sim 3\,000$ m，在光学设备的辅助下发现目标的有效范围是 $1\,000 \sim 6\,000$ m；首先发现对方的武装直升机，处于交战的有利位置，因为先敌发现目标的驾驶员会赢得有利战机，能够充分运用交战条件和时间，在多种预案当中作出最优选择；火力射击有效区域大小取决于机载武器的性能，以及武装直升机的机动性和最小交战距离等因素，最终胜利多数可能由首先进入自己杀伤区的一方获得。另外，对于获胜一方，交战主要有利条件还在于是武装直升机数量上的优势,编队作战要远远优于单机作战。

二、效能评估方法

影响直升机空战能力的因素主要有两方面:一是机组人员的战术、技术水平和战斗意志;二是直升机的飞行性能、机载武器的作战效能及战场生存能力。直升机空战通常由具有空战能力的攻击直升机编队,采取在指定空域实施空中巡逻的方法,发现目标主动发起攻击,或采取在敌空中目标的航路上进行空中设伏的方法,突然发起攻击,也可采取伴随地面或海上机动部队行动的方法,寻歼或根据需要迎击向我攻击之敌直升机和其他空中目标。

空空攻击能力评估模型具体的评估公式如下:①

$$C = \left[\ln(B) \times b_1 \times b_2 + \ln\left(\sum A_1 + l\right) + \ln\left(\sum A_2\right)\right] \times G_1 \times S_1 \times H_1 \times D_1$$

(1) 机动性参数 B:由5项指标组成(最大速度 $V_{\max}$,单位 km/h;动升限 H_d,单位 km;最大正过载 $N_{\gamma\max}$,最小负过载 $N_{\gamma\min}$,单位 g;最大爬升率 V_y,单位 m/s。计算式为

$$B = V_{\max}/300 + H_d/500 + (N_{\gamma\max} - N_{\gamma\min})/4 + V_y/10$$

(2) 发动机性能参数 b_1:发动机的性能好坏对直升机的空战性能有很大的影响,性能优秀的涡轮轴发动机除了高单位功率和功率重量比外,还要求有良好的加速性。对采用涡轮轴发动机的直升机来说,对发动机的要求有:正常(AEO)工作状态的发动机轴功率要求(AEO 表示多发动力装置时所有的发动机都工作),在 OEI(表示单发应急)工作状态时应急功率状态要大大超过正常起飞功率。

(3) 旋翼气动效能参数 b_2:旋翼是直升机最重要的部件,其大部分气动操纵面集中于此。直升机所赖以飞行的升力、滚转力矩等都由旋翼系统产生。在此只考虑桨盘载荷,$T/\pi R^2$,其中 T 为旋翼拉力,计算式为 $b_2 = \pi R^2/T$。

(4) 火力参数 $\sum A_1$:要考虑将不同的机载武器分别进行计算。现代武装直升机的机载武器主要是机炮和导弹,其计算式为

$$\sum A_1 = \sum A_1^{炮} + \sum A_1^{弹}$$

各项参数的计算式如下:

$$A_1^{炮} = K_{瞄} \times (\text{rpm}/1\,200) \times (初速/1\,000)^2 \times (弹丸重量/400) \times (口径/30) \times (n/500) \times n_1$$

式中:$K_{瞄}$ —— 瞄准具系数(陀螺活动光环瞄准具取值1.0,固定光环瞄准具取值0.4~0.5,快速瞄准具取值1.2~1.5)。

rpm —— 射速,单位为次/min;初速的单位为 m/s;弹丸重量的单位为 g;口径的单位为 mm。

n —— 载弹量,单位为发。

n_1 —— 火炮门数。

$$A_1^{弹} = 射程 \times 射高 \times P_k \times (总攻击角/360) \times (过载/35) \times (跟踪角速度/20) \times (总离轴发射角/40) \times \sqrt{n}$$

---

① 吕宜宏.陆军航空兵运筹学.北京:军事科学出版社,2015.

式中:射程、射高的单位为 km;

总攻击角的单位为(°);

过载的单位为 g;

跟踪角速度的单位为(°)/s;

总离轴发射角的单位为(°);

n 为载弹数量。

(5) 探测能力参数 $\sum A_2$:含雷达(A_2^r),红外搜索跟踪装置(A_2^{Rr})和目视能力($A_2^{目}$)。由于现代武装直升机的座舱设计都非常有利于飞行员的观察,因此目视能力可不予考虑或都给予相同的基准值1,具体的计算式为

$$\sum A_2 = A_2^r + A_2^{Rr} + A_2^{目}$$

A_2^r 的计算式如下:

$$A_2^r = (发现距离^2/4) \times (总方位角/360) \times 发现概率 \times K_2 \times (m_1 m_2)^{0.05}$$

式中:K_2—— 雷达体制系数,测距器取 0.3,无角跟踪能力雷达取 0.5,圆锥扫描雷达取 0.6,单脉冲雷达取 0.7,脉冲多普勒雷达取 0.8～1.0;

m_1—— 同时跟踪目标数量;

m_2—— 同时攻击目标数量。

发现距离单位取 km,总搜索方位角的单位取度。

红外搜索跟踪装置探测能力参数 A_2^{Rr} 的计算式同 A_2^r,K_2 取值有所不同。单元件亮点式取 0.3,多元件固定式取 0.5,搜索跟踪式取 0.7～0.9,红外夜视装置取 0.85,如配有激光测距器再增加 0.05。

(6) 操纵效能系数 G_1:它与直升机的座舱布局、操纵系统及显示装置等因素有关。取值原则为越有利于发挥飞行员的主动性,取值越高。具体取值如下:一般仪表及液压助力操纵取 0.7;有平显取 0.8;电传操纵,有平显、下显、数据总线,取 0.9;如配有头盔瞄准具再加 0.05。

(7) 生存力系数 S_1:与飞机的几何尺寸及雷达反射面积有关。由于直升机的雷达反射截面计算还没有有效的算法,而旋翼是直升机上最大的雷达反射截面,所以雷达反射面积主要考虑桨盘面积。由于人眼对一定频率下的闪光比较敏感,因此,目视情况下,除要考虑直升机的大小外,还要考虑旋翼的闪光系数。如有装甲防护可视情况给予加权系数,其计算式为

$$S_1 = \left[\left(\frac{10}{机长} \times \frac{2}{宽}\right)^{0.25} \times S + (150 \times S_0)^{0.25}\right] \times Z/2$$

式中:S—— 闪光系数,取值视 F_f 而定,F_f = 主翼转速(r/min) × 桨叶数。

当 $F_f > 22$ Hz 时,S 取 1.0。

当 $F_f \leq 10$ Hz 时,S 取 0.79。

当 F_f 在 10～22 Hz 之间,S 的值按 $S = 0.79 + 0.05(F_f - 10)/3$ 计算。

S_0—— 桨盘面积,单位 m^2。

Z—— 装甲系数。Z 的取值为:无装甲情况为 1.0,重装甲情况为 1.3,其余视情况在 1.0～1.3 之间取值,直升机的装甲情况较为复杂,在不同的部位加装装甲对直升机的生存力有不同的影响。直升机的装甲系数可根据在不同部位的装甲情况给出,系数如下:动力装置装甲防护 0.1,飞行员座舱防护 0.8,操纵装置装甲防护 0.32,燃油系统防护 0.40。以上系数可通过求数学期望值求得。

使用时,可采用下式具体计算装甲系数:

$$\varepsilon = 1 + \sum 装甲防护系数 \times 0.3$$

(8) 航程系数 H_1:其反映了直升机在战场上的滞空能力,对直升机的持续作战能力有重大的影响。计算式为

$$H_1 = (K_m/K)^{0.25}$$

式中:K —— 基准航程,取为 500 km。

K_m —— 机内油最大航程。

(9) 电子对抗能力系数 D_1:此项系数的评估较为困难,可根据实际试验进行判断,一般在 1.05~1.2 之间取值。

空对空攻击的能力分析主要表现为对抗条件下的射击效率分析,可以用评定对抗时射击效率所采用的方法来解决。最简单的一种对抗是攻击与对抗在时间上相互错开的情况。滞后对抗是一种攻击实施后才受到对抗的方式,滞后对抗不改变攻击方攻击行动的效率。超前对抗是一种实施攻击前受到对抗的方式,超前对抗改变攻击方攻击行动的效率,因此要重新予以评定。另一种情况是顺序轮流对抗时射击的效率。作战双方实施的互相对抗支配着作战进程,这种对抗的射击效率与对抗射击时间是确定性还是随机性有关。如果是确定性的问题就是顺序轮流对抗,顺序轮流对抗是作战双方在预先确定的时刻互相实施射击的一种火力对抗,超前对抗是它最简单的特殊情况。

第二节　空中目标特性

直升机利用空空导弹、航空火箭弹及航枪(炮)攻击的空中目标类型主要包括直升机、无人机、遥控飞行器及低小慢目标。空中目标的类型不同,其毁伤特性也不同,同一目标受到损伤的部位不同,对整个目标功能的影响程度也不完全相同。飞行器某些部位受到损伤时,就会坠毁或丧失完成预期作战任务的能力,这些部位称为目标的易损部位或致命部位;其余部位则称为非易损部位或非致命部位。这样,可将空中目标的毁伤特性分析归结为空中目标的易损性分析。

一、对空中目标的毁伤描述

直升机生存力是指直升机躲避和承受人为敌对环境威胁的能力,用直升机不被威胁杀伤的生存概率 P_S 表示。人为敌对环境威胁包括由地对空导弹系统、空中武器平台等威胁发射的空空导弹、枪炮弹丸等。空中目标的毁伤特性可用毁伤概率 P_K 和毁伤等级进行描述,其中毁伤概率与生存能力密切相关。易损性是指直升机受人为敌对环境威胁能力的量度,可用直升机在被威胁命中情况下被杀伤的概率 $P_{K/H}$ 来表示。敏感性是直升机躲避人为敌对威胁能力的量

度,可用直升机被人为敌对环境威胁命中的概率 P_H 来度量。从概率角度分析,四者之间有如下关系:

生存能力为
$$P_S = 1 - P_K$$

毁伤概率为
$$P_K = P_H \times P_{K/H}$$

在确定目标被毁伤后,需要描述目标的毁伤程度。借鉴外军经验,飞行器的毁伤程度可采用毁伤等级进行描述,通常分为以下6个等级:

KK级破坏:命中后飞行器立即解体;

K级破坏:命中后30 s内丧失人工控制能力;

A级破坏:命中后5 min内丧失人工控制能力;

B级破坏:命中后30 min内丧失人工控制能力;

C级破坏:命中后不能执行任务,必须立即返航;

E级破坏:飞行器能够返航,但不能再次出航执行任务。

从实用性和可行性考虑,目前一般采用KK级和C级评价飞行器的破坏程度。

二、空中目标的毁伤分析方法

在分析空中目标的毁伤特性时,要尽可能多地获得与目标相关的技术数据,如几何尺寸、布局安装、工作机理、装甲防护情况等。然后遵照以下步骤进行分析:

(1) 建立目标的几何模型。可从前方、后方、左侧、右侧、顶部、底部6个方向分别绘制出视图,并标明尺寸。

(2) 计算目标在6个方向上的投影面积 A^L、A^R、A^F、A^B、A^T、A^D 和总被弹面积 A,则有
$$A = A^L + A^R + A^F + A^B + A^T + A^D$$

(3) 划分目标的关键性部位,共有 n 个,共有并赋予编号 $i(i=1,2,\cdots,n)$。

(4) 计算目标在6个方向上的各功能部位的面积 S。

(5) 计算各功能部位的全向被弹面积。

(6) 计算各功能部位的命中概率 P_{hi},$(i=1,2,\cdots,n)$。在计算时要考虑命中弹的分布情况。

(7) 分析各功能部位的纯易毁概率 P_{ei},$(i=1,2,\cdots,n)$。该概率反映了各功能部位的相对于飞行器的"要害度",其取值区间均为[0,1]。

(8) 结合弹丸类型计算部件的条件毁伤概率 P_{iK},$(i=1,2,\cdots,n)$。条件毁伤概率与部件的硬度、弹药威力和命中弹数量等有关。

(9) 根据部件的毁伤情况、部件对全目标的毁伤规律和目标的毁伤等级、划分标准进行综合分析计算,求出目标整体的毁伤情况,并评定目标毁伤等级。

第三节　　对空攻击效能评估

武装直升机在空战中使用红外制导导弹，该导弹在执行打击任务时，首先需要通过空空导弹武器系统将导弹引导到目标附近的区域，这是非常关键的一步，敌方武装直升机通常会采取释放诱饵弹的方式进行规避。在经典直升机杀伤概率模型中，只考虑了导弹的特性和弹目交会的状态对杀伤目标的影响，没有涉及直升机易损性对导弹杀伤效果的影响。这里主要评估在干扰条件下，红外制导空空导弹的作战效能。[①]

一、空空导弹杀伤概率

敏感性记为 P_H，表示直升机在空战中被击中的可能性，只考虑导弹的威力和导弹爆炸时导弹与直升机的相对态势，计算公式为

$$P_H = \frac{R_K^2}{R_K^2 + \frac{R_{0.5}^2}{1.386}} \cdot \exp\left[\frac{-R_T^2}{R_K^2 + \frac{R_{0.5}^2}{1.386}}\right]$$

式中：R_K——红外导弹的有效杀伤半径；
　　　$R_{0.5}$——圆概率误差；
　　　R_T——干扰条件下计算出的脱靶量。

$$P_{K/H} = 1 - \exp(-N_v \cdot P_{ai})$$

式中：N_v——落入易损面积的破片数；
　　　P_{ai}——单枚破片的毁伤概率。

综上所述，导弹对武装直升机的杀伤概率，即武装直升机的作战效能为

$$P_K = P_H \cdot P_{K/H} \cdot P_J$$

式中：P_J——飞行员的综合能力。

$$P_K = \frac{R_K^2}{R_K^2 + \frac{R_{0.5}^2}{1.386}} \cdot \exp\left[\frac{-R_T^2}{R_K^2 + \frac{R_{0.5}^2}{1.386}}\right] \cdot [1 - \exp(-N_v \cdot P_{ai})] \cdot P_J$$

二、空空弹道制导精度

空空导弹武器系统在执行作战任务的过程中，将导弹引导到目标附近的适当区域是导弹制导系统的重要任务，也是确定导弹杀伤概率的前提。近距格斗中，攻防对抗十分激烈，目标机通常采用施放红外诱饵弹来诱骗导弹，引起制导误差增大，从而导致导弹的脱靶量增大，达到

[①] 红外制导空空导弹容易受到红外诱饵弹、红外干扰机、红外烟幕等的干扰，其中红外诱饵弹使用频率最高，效果也最好。

躲避空空导弹攻击的目的。因此,对红外诱饵弹干扰下导弹制导精度的分析是研究导弹对目标杀伤效能的重要内容。

(一) 弹道及制导误差

1. 弹道的分类

(1) 理想弹道:是一条理论弹道,可根据导弹弹道运动学方程及确定性初始条件计算,实际上是一条具有确定落点的运动学弹道。

(2) 实际弹道:是一条受到各种干扰和激励因素作用而形成的随机弹道。按相同条件发射多发导弹,便会形成同样多的不重合弹道,但这些弹道形成的落点是随机的,并服从一定的分布规律。

(3) 平均弹道:是实际弹道族中的一条假想均值弹道,也是各实际弹道轨迹的数学期望。

2. 制导误差的分类

制导误差通常可以分为系统误差和随机误差。

(1) 系统误差是平均弹道相对于理想弹道的偏离值。它描述实际弹道的平均状态,是制导误差的数学期望,一般由靶平面上的点来刻画。系统误差就是实际弹道的散布中心到目标相对速度坐标原点之间的距离偏差。一般地说,系统误差可以通过相应的校正量补偿来消除。

(2) 随机误差是指导弹的实际弹道相对于平均弹道的偏差。它主要是描述实际弹道相对于其平均弹道的分散程度,因此,常用制导误差的方差(或标准差)来表示。表现在靶平面上,为实际弹道与靶平面的交点相对于散布中心的离散程度。通常随机误差只能在一定范围和条件下减小,不能消除。

3. 脱靶量

脱靶量是导弹与目标在交会过程中的最小距离。作为衡量导弹制导性能的重要参数,脱靶量是导弹最重要的战技指标之一,在导弹研制过程中完善设计和提高性能有着十分重要的意义。在导弹从发射到击中目标爆炸的全过程中,制导系统的误差对导弹的脱靶量有较大的影响,对导弹的命中精度也产生较大的影响。

(二) 红外诱饵弹干扰下的对抗模型

导弹在红外诱饵弹干扰下,对抗模型主要有8个部分:制导律模型、飞机运动模型、导弹跟踪运动模型、导弹与目标相对运动模型、红外诱饵弹运动轨迹模型、红外诱饵弹辐射特性模型、沿方位角飞机红外辐射特性、能量质心运动模型。

1. 导弹的制导律模型

假设导弹的制导律为扩展比例导引律,即

$$\begin{cases} n_y = -N \cdot R \cdot q \\ n_z = -N \cdot R \cdot \varepsilon \cdot \cos q \end{cases}$$

式中:导航比系数 $N = 4$;

R —— 弹目相对距离;

q —— 视线倾角;

ε —— 视线偏角。

2. 直升机的运动模型

（略）

3. 空空导弹的运动模型

设导弹的速度矢量为 v_m，俯仰角为 θ_m，偏航角为 ψ_m，与直升机运动方程相似，可得导弹的运动方程为

$$\begin{cases} \dfrac{dx_m}{dt} = v_m \cos\theta_m \cos\psi_m \\ \dfrac{dy_m}{dt} = v_m \sin\theta_m \\ \dfrac{dz_m}{dt} = -v_m \cos\theta_m \sin\psi_m \end{cases}$$

4. 导弹与目标相对运动模型

设导弹的位置为 (X_m, Y_m, Z_m)，速度为 v_m，弹道偏角为 ψ_m，弹道倾角为 θ；目标的位置为 (X_t, Y_t, Z_t)，速度为 v_t，目标速度矢量航向角为 ψ_{vt}，倾角为 θ_T。目标视线相对地面坐标系的视线倾角为 q，视线偏角为 ε。弹目之间相对距离为 R。则可得导弹与目标之间相对位置关系为

$$\begin{cases} R_x = X_t - X_m = R\cos q \cos\varepsilon \\ R_y = Y_t - Y_m = R\sin q \\ R_z = Z_t - Z_m = -R\cos q \sin\varepsilon \\ R = (R_x^2 + R_y^2 + R_z^2)^{1/2} \end{cases}$$

其相对运动方程组为

$$\begin{cases} \dot{R} = v_t[\cos q \cos\theta_T \cos(\varepsilon - \psi_{vt}) + \sin q \sin\theta_T] - v_m[\cos q \cos\theta \cos(\varepsilon - \psi_v) + \sin q \sin\theta] \\ R\dot{q} = v_t[-\sin q \cos\theta_T \cos(\varepsilon - \psi_{vt}) + \cos q \sin\theta_T] - v_m[-\sin q \cos\theta \cos(\varepsilon - \psi_v) + \cos q \sin\theta] \\ -R\dot{\varepsilon}\cos q = v_t \cos\theta_T \sin\theta_T \cos(\varepsilon - \psi_{vt}) - v_m \cos\theta \sin(\varepsilon - \psi_v) \end{cases}$$

5. 红外诱饵弹的运动模型、辐射模型

（略）

6. 直升机红外辐射模型

为了建立直升机的红外辐射模型，首先，计算直升机在任意时刻对应导弹的红外辐射能量，并根据测得的直升机红外辐射能量绘制曲线图；然后，根据直升机的俯仰角和方位角划分比较小的区域，每个区域用这一区域的平均能量代替，建立一个大的二维直升机红外辐射能量数据表格，即建立直升机关于俯仰角和方位角的红外辐射能量库，供仿真使用。具体模型略。

7. 能量质心的运动轨迹模型

（略）

三、红外诱饵弹干扰下的导弹脱靶量求解流程

以直升机开始投放红外诱饵弹为初始点建立坐标，直升机在坐标原点，初始时刻 $T = 0$，

经过 Δt 时间飞机投放 n 发红外诱饵弹。假设导弹引信启动距离为 R_f,则在干扰条件下导弹脱靶量的求解流程如图 7-1 所示。

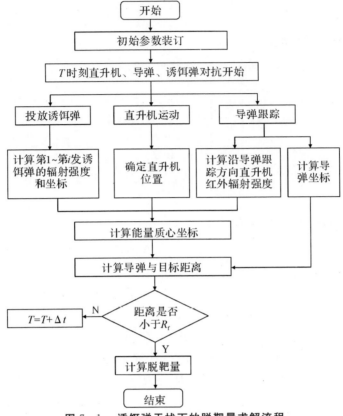

图 7-1 诱饵弹干扰下的脱靶量求解流程

按照以上流程进行计算仿真,便可得到在红外诱饵弹干扰下的空空导弹攻击目标的脱靶量,进而求出导弹的杀伤概率。

参 考 文 献

[1] 张廷良,陈立新.军用直升机作战效能评估与运筹分析方法[M].北京:国防工业出版社,2013.
[2] 孙世霞,来国军,张宏斌.武装直升机作战效能仿真与评估方法[M].北京:国防工业出版社,2013.
[3] 吕宜宏.陆军航空兵运筹学[M].北京:军事科学出版社,2015.
[4] 杨峰,王维平.武器装备作战效能仿真与评估[M].北京:电子工业出版社,2010.
[5] 曹义华.直升机效能评估方法[M].北京:北京航空航天大学出版社,2006.
[6] 方洋旺,伍友利,方斌.机载导弹武器系统作战效能评估[M].北京:国防工业出版社,2010.
[7] 黄志永.武装直升机作战效能评估[Z].北京:空军指挥学院,2012.
[8] 韩珺礼,杨晓红,徐豫新.野战火箭武器系统效能分析[M].北京:国防工业出版社,2015.
[9] 王树山.终点效应学[M].北京:科学出版社,2019.
[10] 沈浩.海军装备作战效能评估研究[M].北京:海潮出版社,2004.
[11] 王玉泉.装备费用-效能分析[M].北京:国防工业出版社,2010.
[12] 黄柯棣,张金槐,查亚兵.系统仿真技术[M].长沙:国防科技大学出版社,2000.
[13] 柯宏发,陈永光.电子装备体系效能评估理论及应用[M].北京:国防工业出版社,2018.
[14] 刘兴堂,刘力.现代武器装备和作战平台[M].西安:西北工业大学出版社,2018.
[15] 路录祥,贺美云,季建朝.武装直升机[M].北京:航空工业出版社,2014.
[16] 毕长剑,董冬梅,张双建,等.作战模拟训练效能评估[M].北京:国防工业出版社,2014.
[17] 陈立新.防空导弹网络化体系效能评估[M].北京:国防工业出版社,2007.
[18] 胡剑文.武器装备作战能力指标的探索性分析与设计[M].北京:国防工业出版社,2012.
[19] 胡晓惠,蓝国兴.武器装备效能分析方法[M].北京:国防工业出版社,2008.
[20] 罗鹏程,用经伦,金光.武器装备体系作战效能与作战能力评估分析方法[M].北京:国防工业出版社,2014.
[21] 罗兴柏,刘国庆.陆军武器系统作战效能分析[M].北京:国防工业出版社,2007.
[22] 唐见兵,查亚兵.作战仿真系统校核、验证与确认及可信度评估[M].北京:国防工业出版社,2013.
[23] 张卓.作战效能评估[M].北京:军事科学出版社,1996.
[24] 郝政利.陆军航空兵战术[Z].北京:陆军航空兵学院,2001.
[25] 郝政利.联合作战中陆军航空兵运用[M].北京:解放军出版社,2006.

[26] 徐浩军,郭辉.空中力量体系对抗数学建模与效能评估[M].北京:国防工业出版社,2010.
[27] 总参军训和兵种部.目标选择与打击联合条令[Z].北京:总参军训和兵种部,2006.
[28] 美军参谋长联席会议.美军联合条令[M].北京:金城出版社,2017.
[29] 文裕武,温清澄.现代直升机应用及发展[M].北京:航空工业出版社,2000.
[30] 高尚,娄寿春.武器系统效能评定方法综述[J].系统工程理论与实践,1998,18(7):109-114.
[31] 刘东亮,查春林.航空兵旅作战效能评估方法研究[J].军事运筹与系统工程,2018,32(2):30-31.
[32] 吕峰,齐先庆.基于改进ADC方法的侦察无人机作战效能指标体系研究[J].航空兵器,2007(3):7-10.
[33] 孙世霞.复杂大系统建模与仿真的可信性评估研究[D].长沙:国防科学技术大学,2005.
[34] 张宏斌,孙世霞,王进才,等.武装直升机作战效能评估解析计算模型[C]//第二十九届直升机年会论文集.景德镇:中航工业昌河飞机集团,2013:145-148.
[35] 孙臣为,刘天坤,王小强.武装直升机对装甲目标攻击效率评估[J].火力与指挥控制,2015,40(11):72-76.
[36] 贺美云,王明新,路录祥.武装直升机作战效能评估[J].陆军航空兵学院学报,2016,15(5):46-48.
[37] 董彦非,王曦.多种方法结合的作战效能评估研究[J].火力与指挥控制,2018,43(7):10-12.
[38] 郝政利.未来低空战场上的多面手-陆军航空兵在未来战争中的地位与作用[J].现代军事,2006(11):22-23.
[39] 姜明远,胡英俊.攻击直升机作战生存力特性研究[J].航空科学技术,2002(1):30-33.
[40] 黄俊,向锦武.攻击直升机作战效能评估[J].南京航空航天大学学报,1999,31(6):620-625.